低 Ag 含量 Sn-Ag-Zn 系无铅焊料

罗庭碧　刘　卫　著

本书的研究工作获得国家自然科学基金（项目编号：61764004）、云南省教育厅科学研究基金（项目编号：2016ZZX216）和红河学院科研基金（项目编号：XJ15B12）的资助。

由红河学院学术著作出版基金、云南省化学硕士点建设学科开放基金资助出版。

科学出版社

北　京

内 容 简 介

由于大量含铅焊料废弃物对人类健康及环境的危害日趋严重,大部分国家已立法禁止使用含铅焊料,并积极推进电子封装无铅化进程,因此焊料的无铅化成为电子制造产业的必然趋势。虽然目前共晶 Sn-Ag-Cu 无铅焊料成为最受欢迎的无铅焊料,但其仍然存在熔融性能、强度、成本等方面的问题。本书介绍一系列低 Ag 含量 Sn-Ag-Zn 系无铅焊料,该系列焊料不仅熔融性能和力学性能优于共晶 Sn-Ag-Cu 焊料,而且具有更低的成本。同时通过相关研究明确低 Ag 含量 Sn-Ag-Zn 系焊料的实用性和适用范围。

本书可供对该领域感兴趣的高年级本科生、开展相关研究的在读硕士研究生、博士研究生、微电子封装及有色金属冶炼行业从业人员参考使用。

图书在版编目(CIP)数据

低 Ag 含量 Sn-Ag-Zn 系无铅焊料/罗庭碧,刘卫著.—北京:科学出版社,2017

ISBN 978-7-03-055665-3

Ⅰ.①低… Ⅱ.①罗… ②刘… Ⅲ.①软钎料 Ⅳ.①TG425

中国版本图书馆 CIP 数据核字(2017)第 290753 号

责任编辑:张振华 / 责任校对:刘玉靖
责任印制:吕春珉 / 封面设计:东方人华平面设计部

科学出版社 出版

北京东黄城根北街 16 号
邮政编码:100717
http://www.sciencep.com

三河市骏杰印刷有限公司印刷
科学出版社发行　各地新华书店经销

*

2017 年 12 月第 一 版　　开本:B5(720×1000)
2017 年 12 月第一次印刷　　印张:8 1/2
字数:150 000
定价:56.00 元
(如有印装质量问题,我社负责调换〈骏杰〉)
销售部电话 010-62136230　编辑部电话 010-62135120-2005

"红河学院学术文库"
序

甘雪春

  红河学院地处红河哈尼族彝族自治州州府蒙自市,南部与越南接壤。2003 年升本以来,学校通过对高等教育发展规律的不断探索、对自身发展定位的深入思考,完成了从专科到本科、从师范到综合的"两个转变",实现了由千人大学向万人大学、由外延扩大到内涵发展的"两大跨越",走出了一条自我完善、不断创新的发展道路。在转变和跨越过程中,学校把服务于边疆少数民族地区的经济社会发展、服务于桥头堡建设、服务于培养合格人才作为自己崇高的核心使命,确立了"立足红河,服务云南,辐射东南亚、南亚的较高水平的区域性、国际化的地方综合大学"的办学定位,凸显了"地方性、民族性、国际化"的办学特色,目前正在为高水平的"国门大学"建设而努力探索、开拓进取。

  近年来,学校结合区位优势和独特环境,整合资源和各方力量,深入开展学术研究并取得了丰硕成果,这些成果是红河学院人坚持学术真理、崇尚学术创新,孜孜以求的积累。为更好地鼓励具有原创性的基础理论和应用理论研究,促进学校深入开展科学研究,激励广大教师多出高水平成果和支持高水平学术著作出版,特设立"红河学院学术著作出版基金",对反映时代前沿及热点问题、凸显学校办学特色、充实学校内涵建设等方面的专著进行专项资助,并以"红河学院学术文库"的形式出版。

  "红河学院学术文库"凸显了学校特色化办学的初步成果。红河学院深入实施"地方性、民族性、国际化"特色发展战略,着力构建结构合理、特色鲜明、创新驱动、协调发展的学科建设体系,不断加大力度推进特色学科研究,形成了鲜明的学科特色,强化了特色成果意识。"红河学院学术文库"的出版在一定程度上凸显了我校的办学特色,反映了我校学者在研究领域关注地方发展、关注民族文化发展、关注边境和谐发展的胸怀和视域。

  "红河学院学术文库"体现了学校力争为地方经济社会发展做贡献的能力和担当。服务社会是大学的使命和责任。"红河学院学术文库"的出版,集中展现了我校教师将科研成果服务于云南"两强一堡"建设、服务于推动边疆民族文化繁荣、提升民族文化自信、助推地方工农业生产、加强边境少数民族地区统筹城乡发展的追求和担当，进一步为促进民族团结、民族和谐贡献智慧和力量。

"红河学院学术文库"反映了我校教师在艰苦的条件下努力攀登科研高峰的毅力和信心。我校学者克服了在边疆办高等教育存在的诸多困难，发扬了蛰居书斋、沉潜学问的治学精神。这些是他们深入边疆民族贫困地区做访谈、深入田间地头做调查、埋头书斋查资料、埋头实验室做研究等辛勤耕耘的成果。在交通不畅、语言不通、信息缺乏、团队力量薄弱、实验室条件艰苦等不利条件下，学者们摒弃了"学术风气浮躁，科学精神失落，学术品格缺失"的不良风气，本着为国家负责、为社会负责、为学术负责的态度，追求学术真理、恪守学术道德。

本次得到学校全额或部分资助并入选"红河学院学术文库"的著作涉及文学、经济学、政治学、教育学等学科门类的七部专著，是对我校学术研究水平的一次检阅。尽管未能深入更多的学科领域，但我们会以旺盛的学术生命力在创造和进步中不断进行文化传承和科技创新，以锲而不舍的精神和舍我其谁的气质勇攀科学高峰。

"仰之弥高，钻之弥坚；瞻之在前，忽焉在后"，对学术崇高境界的景仰、坚韧不拔的意志和自身的天分与努力造就了一位位学术大师。红河学院或许不敢轻言"大师级"人物的出现，但我们有理由坚信：学校所有热爱科学研究的广大师生一定能继承发扬过去我们在探索路上沉淀的办学精神，积蓄力量、敢于追梦，并为努力实现"国门大学"建设的梦想而奋勇前行。当然，"红河学院学术文库"建设肯定会存在一些问题和不足，恳请各位领导、各位专家和广大读者不吝批评指正，以期帮助我们共同推动更多学术精品的出版。

2013 年 10 月

前　言

自 2003 年，欧洲联盟（简称欧盟）正式公布《报废电子电气设备指令》（Waste Electrical and Electronic Equipment，WEEE）和《关于限制在电子电气设备中使用某些有害成分的指令》（Restriction of Hazardous Substances，RoHS）以来，Sn-Pb 系焊料的使用受到极大的限制。因此，关于无铅焊料的研究不断展开，围绕提高无铅焊料的性能、降低无铅焊料的成本的研发工作也在不断进行。为了避免共晶 Sn-Ag-Cu 焊料界面可靠性差、成本高的缺点，低 Ag 含量焊料成为该领域的研究热点。但 Ag 含量降低同样会带来焊料熔融性能和力学性能的降低。此外，由于我国对无铅焊料的研究起步较晚，目前常用的 Sn-Ag-Cu 无铅焊料的专利被国外企业牢牢把持，这一现象不利于我国微电子行业的发展。

另外，Sn-Ag-Zn 系无铅焊料同样是具有潜力的三元焊料合金体系，虽然国内外对 Sn-Ag-Zn 系无铅焊料有过一些研究，但研究范围主要集中在共晶含量（Sn-3Ag-1Zn）范围附近，对低 Ag 含量 Sn-Ag-Zn 系焊料领域的研究还鲜见报道。本书系统地讨论从共晶 Sn-Ag-Zn 系焊料成分范围到低 Ag 含量 Sn-Ag-Zn 系焊料成分范围中 Ag、Zn 含量对焊料熔融性能、微观组织、力学性能的影响。研究中发现，低 Ag 含量 Sn-Ag-Zn 系焊料可以通过 Ag、Zn 含量的优化来改善其熔融性能和力学性能，使其达到共晶 Sn-Ag-Cu 焊料水平。但在研究中也发现 Sn-Ag-Zn 系焊料除了具有固有的润湿性差的问题外，Sn-Ag-Zn/Cu 焊点在高温热老化条件下还容易发生严重的界面反应，导致焊点界面结合强度下降。本书对这两个问题的相关机理进行讨论，并提出解决方法。最后讨论 Sn-Ag-Zn 系焊料的抗腐蚀性能与焊料成分之间的关系。

作者在编写本书的过程中获得了红河学院刘贵阳、易中周、王宝森、姜艳、孔馨的帮助，同时获得了上海交通大学李明、胡安民的指导，这里一并感谢。

由于专业知识和水平有限，书中难免存在不足之处，如蒙读者指正，作者将感激不尽。

罗庭碧

2017 年 2 月于红河学院

目　　录

无铅焊料的发展现状

人们在生产和生活中经常需要将两种金属材料进行连接，但是由于常用金属材料的熔点较高，采用熔化焊接的方法进行连接可能会带来各种问题。为了能在更低的温度下实现金属间的连接，人们发明了钎焊技术。

1.1　钎焊技术与无铅化运动

钎焊，即将熔点比母材低的填充金属（称为焊料）加热熔化后，利用液态焊料润湿母材，填充接头间隙并与母材相互扩散，实现连接的焊接方法[1]。钎焊分为软钎焊和硬钎焊，其差异在于焊料的熔点[2]。通常将焊料熔点低于 400℃的钎焊称为软钎焊，而将焊料熔点高于 400℃的钎焊称为硬钎焊。下面提到的钎焊均为软钎焊。

钎焊技术历史悠久，罗马时代人们就已经开始使用共晶成分的锡铅焊料（Sn-38Pb，表示 Pb 的质量分数为38%），历史学家 Plimus 的书中记载了各种各样的工业品制造技术，其中水道铅管就是用 Sn-Pb 系焊料钎焊的，而当时的实物也保存在大英博物馆[3]。其后 1000 多年间焊接技术有了很大的进步，如松香助焊剂的使用。特别是电子技术进入集成电路时代以后，出现了热熔焊、浸入焊、波峰焊和回流焊等多种焊接技术，但是到 20 世纪末，最常用的一直是罗马时代确定的 Sn-Pb 系共晶焊料。

由于古罗马人使用 Pb 制作水管，并用 Sn-Pb 系焊料进行焊接，在长期使用过程中，水管中的 Pb 会因为腐蚀进入水中，长期饮用这种含 Pb 的水可能造成 Pb 中毒。研究表明，古罗马人骨骼中 Pb 含量很高，因此存在古罗马衰败是由 Pb 中毒引起的说法[4]。到了现代，随着电子产品的生产和消费增长，电子垃圾逐渐成为危害环境的主要废弃物之一。Sn-Pb 系焊料在微电子制造中的广泛运用使这些废弃物中同样含有大量的 Pb，含 Pb 的电子垃圾可能会在自然环境中被腐蚀分解，并随雨水进入土壤、河流和地下水，最终再次危害人体健康。

目前，Pb 被美国环境保护署列为 17 种对人体和环境有危害的化学物质之一[5]。Pb 在人体中聚集将对人体产生不利影响，它会与人体内的蛋白质结合，抑制人体正常的代谢和功能；造成神经和生殖系统疾病，延误神经系统和身体的发育；抑制血红蛋白的生成，并导致贫血和高血压[6]。当血液中 Pb 含量超过 50mg/dL 时，Pb 中毒时有发生[7]。有研究发现，Pb 的水平即使远低于既定的官方阈值，也可能会危害到儿童的神经系统和身体发育。

由于社会对环境问题的关注，欧盟于 2003 年 2 月 13 日正式公布了《报废电子电气设备指令》（WEEE）和《关于限制在电子电气设备中使用某些有害成分的指令》（RoHS）[8, 9]。同样地，我国于 2006 年 6 月 11 日颁布并实施了《电子信息产品中有毒有害物质的限量要求》[10]。其中规定：构成电子信息产品的各均匀材料（分类：EIP-A）中，铅、汞、六价铬、多溴联苯、多溴二苯醚（十溴二苯醚除外）的含量不应该超过 0.1%（质量分数，之后不再标注），镉的含量不应该超过 0.01%；在电子信息产品中各部件的金属镀层（分类：EIP-B）中，铅、汞、镉、六价铬等有害物质不得有意添加；电子信息产品中现有条件不能进一步拆分的小型零部件或材料（一般指规格小于或等于 4mm³ 的产品，分类：EIP-C）中，铅、汞、六价铬、多溴联苯、多溴二苯醚（十溴二苯醚除外）的含量不应该超过 0.1%，镉的含量不应该超过 0.01%。

虽然 Sn-Pb 系焊料有着卓越的性能，在人类发展史中有着不可磨灭的贡献，但在无铅化浪潮的冲击下 Sn-Pb 系焊料的使用受到了极大的限制。为了满足环境、立法和市场竞争的需要，各企业、研究机构对无铅焊料展开了研究和商业化运用。

1.2 对无铅焊料的性能要求

为了保证集成电路制造中的焊接质量，无铅焊料除了无毒、不会污染环境以外，还需要满足以下性能要求：熔融性能、润湿性能、力学性能、抗腐蚀性能和其他常用性能。表 1.1 为美国国立生产科学研究所提出的无铅焊料性能评价标准[11]。

表 1.1 美国国立生产科学研究所提出的无铅焊料性能评价标准[11]

性能	要求
液相线温度	<225℃
熔化温度范围	<30℃
润湿性能（润湿称量法）	F_{max}>300μN, t_0<0.6s, $t_{2/3}$<1s
铺展面积	>85%的 Cu 板面积
钎焊温度下给定时间内的表面氧化程度	某一给定值

续表

性能	要求
热机械疲劳性能	>Sn-Pb 共晶相应值的 75%
热膨胀系数	$<29\times10^{-6}\text{℃}^{-1}$
蠕变性能（室温下 167h 内导致失效所需的应力值）	>3.5MPa
延伸率（室温、单轴拉伸）	>10%

注：F_{max} 为最大润湿力，t_0 为开始润湿时间，$t_{2/3}$ 为达到最大润湿力 2/3 的时间。

1.2.1 熔融性能

钎焊技术最大的优点是可以在较低的温度下实现金属的焊接，目前电子封装中常使用有机物基体的印制电路板（printed circuit board，PCB），这些 PCB 主要由有机物基体、玻璃纤维增强相和金属导体复合而成。不同材质之间热膨胀系数（coefficient of thermal expansion，CTE）不同，导致温度变化过程中容易产生热应力，特别是超过有机物玻璃化转变温度（T_g）后各材质之间的热膨胀系数差将增大。例如，高玻璃化转变温度的 S1170 PCB 的 T_g 为 170℃，在低于 T_g 时 CTE 为 $60\times10^{-6}\text{℃}^{-1}$，而在高于 T_g 时 CTE 为 $300\times10^{-6}\text{℃}^{-1}$。而 Cu 的 CTE 仅为 $17\times10^{-6}\text{℃}^{-1}$。此外，在焊接时为了保证焊料的充分流动和润湿，焊接温度通常比焊料熔点高 50℃ 左右[12]。因此，高熔点焊料需要更高的焊接温度，从而造成更大的热应力，更容易导致树脂与铜箔分离的现象（俗称分层或爆板）。这种现象在多层 PCB 和多次回流的条件下更严重。另外，由于现在集成电路功率越来越大，电路运行温度越来越高，如个人计算机的 CPU 和显卡芯片就经常在 60℃ 以上运行，若焊料熔点太低则运行温度很容易超过焊料再结晶温度，可能造成焊点因高温蠕变而失效[13]。

熔融性能除了熔点外，还有一项重要的指标——熔程，即合金开始熔化和完全熔化的温差。在平衡凝固中熔程可以表示为合金液相线和固相线之间的温差。通常合金成分偏离共晶点时，合金凝固过程中先达到液相线温度。此时析出的是先共晶组织，若熔程过大，先共晶组织就可能生长粗大[14]，对合金的微观组织均匀性和力学性能有不利的影响。另外，在回流焊中，为了减少焊接体系在高温下暴露的时间，通常先在低于固相线的温度下保温一定时间使焊接体系整体温度均匀，再将温度快速提升到液相线温度以上使焊料熔化达到焊接效果[12]。若熔程过大，则需要提升温度范围，因此可能造成更大的热应力，引起焊接缺陷和失效。

Sn-Pb 合金的二元相图如图 1.1 所示，Sn-Pb 二元合金的共晶点为 183℃。为了减少熔程和降低焊接温度，最常用的 Sn-Pb 系焊料即 Sn-37Pb 共晶焊料。为了保证焊接的可靠性,通常 Sn-Pb 系焊料回流焊温度为 220℃左右。由于 Sn-Pb 系共晶焊料使用多年,目前多数回流焊器件和设备都以此温度为标准而设计。而无铅焊料使用其他二元共晶体系,其共晶点温度与 Sn-Pb 系焊料的共晶温度有较大差异,因此无铅焊料的运用首先要解决的一个主要问题就是熔融性能。

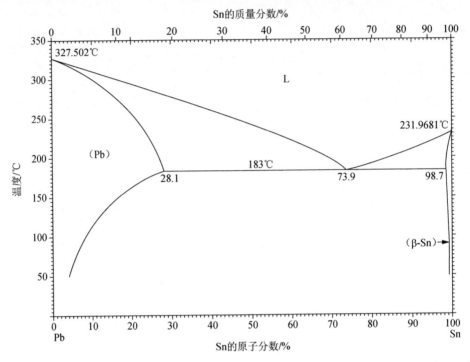

图 1.1 Sn-Pb 合金的二元相图[14]

1.2.2 润湿性能

通常在钎焊中,需要焊料对母材有良好的润湿性能才能填满母材中的空隙,达到良好的连接效果。目前的电子封装领域中,Cu 是最常用的布线和焊盘材料,因此焊料能否对 Cu 有良好的润湿性能成为衡量焊料润湿性能的重要标准。关于各种 Sn 合金对于 Cu 基底的润湿性能已有一些文献报道。Pan 等[15]研究了 Sn-3.5Ag、Sn-3Cu、Sn-5Sb、Sn-58Bi 和 Sn-37Pb 等合金在无氧 Cu 上的润湿行为,发现这些合金均能在 Cu 上达到稳定的接触角,分别为 50°、31°、37°、30° 和 8°。Vianco[16]的研究表明,在 260℃下,Sn-4.0Cu-0.5Ag、Sn-3.5Ag、Sn-3.4Ag-4.8Bi 和 Sn-37Pb 在 Cu 上的接触角分别为 41°、36°、31° 和 17°。总体上,无铅焊料的润湿性能远低于 Sn-Pb 系共晶焊料,因此润湿性能差成为无铅焊料运用中的另一个主要问题。

1.2.3　力学性能和相关的可靠性

随着电子技术的发展，布线密度逐渐提高，使焊盘尺寸不断减小。相应的电子器件功率的提高，造成器件运行温度升高，使器件热应力提高，因此对焊料的机械强度和相关的可靠性要求进一步提高。这些可靠性包括热老化、机械疲劳、热疲劳、蠕变等[4]。由于 Sn-Pb 系焊料使用多年，各种设备设计和制造中的可靠性都以 Sn-Pb 系焊料为标准，所以 Sn-Pb 系焊料的可靠性成为后来各种焊料研发的指标参数。无铅焊料在运用过程中，由于其合金元素可能会与主要成分 Sn 或焊盘材料发生金属间反应，导致生成脆性金属间化合物（intermetallic compound，IMC），使焊点脆化、形成孔洞，最终使焊点可靠性下降，因此无铅焊料的力学性能及可靠性也是需要解决的问题。

1.2.4　抗氧化性能和抗腐蚀性能

焊料在使用中，焊接阶段是温度最高的阶段。在高温熔融状态下，Sn 合金容易发生氧化，生成的氧化物会形成氧化膜包裹焊料，使焊料的表面张力升高，导致焊料熔体不易在基体表面形成润湿[17]；焊点凝固后，氧化物往往残留在焊料/基体界面形成残渣，这些氧化物残渣将降低接头的机械及电气连接可靠性；覆盖在焊点上的氧化物表面光泽度低，并且在潮湿气氛中易于被腐蚀形成孔洞和裂纹。电子器件的使用条件复杂，特别是沿海潮湿环境下可能造成腐蚀，而腐蚀现象同样会影响焊点的寿命[18]。另外，焊膏制备中焊粉与弱酸性的助焊剂混合后要想长期保存，需要焊料在弱酸性环境中保持稳定，不发生腐蚀，因此焊料需要具备一定的抗腐蚀性能。

1.2.5　成本及环境问题

焊料作为微电子行业大量使用的材料，其成本也是重要的指标之一。因此需要焊料中各组分原料储备充分，价格低廉。表 1.2 所示为常用焊料金属的市场价格，其中"相对价格"一栏将基体金属 Sn 的价格设为 1.00，以此对比其他合金金属的价格。从表 1.2 中可以看出，相比其他 Sn 合金，Sn-Pb 系焊料具有极大的成本优势。

表 1.2　常用焊料金属市场价格（2016 年 8 月 9 日，上海）

元素	单价/（元/kg）	相对价格
Pb	13.8	0.11
Zn	17.3	0.14
Cu	37.3	0.31
Sb	41.5	0.34

续表

元素	单价/（元/kg）	相对价格
Bi	60.5	0.50
Sn	121.8	1.00
Ag	4300	35.30
In	1250	10.26

另外，由于电子设备的更新换代速度加快，电子垃圾产生的速度大大加快。由于废弃物可能对环境造成影响，因此，替代 Pb 使用的无铅焊料成分需要具有无毒性或者弱毒性。

1.3　二元无铅焊料及其性能

为了找到能满足上述要求，可替代 Sn-Pb 系焊料的合金，研究者对其他 Sn 合金进行了研究。研究结果表明，可以替代 Sn-Pb 系焊料的二元合金体系有 Sn-Ag、Sn-Zn、Sn-Cu、Sn-Bi、Sn-In 体系。1.2 节中已经提到，Sn 合金焊料中，Sn-Pb 系焊料在润湿性能和成本上具有极大的优势。另外由于 Sn-Pb 系焊料使用多年，焊接设备、电路基板和元件大多以 Sn-Pb 体系焊接温度为标准进行设计，所以需要无铅焊料体系的共晶温度接近 Sn-Pb 系焊料的共晶温度。除了上面提到的几项，其他二元 Sn 合金体系各有其优缺点，下面逐一进行介绍。

1.3.1　Sn-Ag 系共晶焊料

图 1.2（a）为 Sn-Ag 二元合金的共晶相图，从图中可以看到，Sn-Ag 二元合金体系在 Sn-3.5Ag 成分附近发生共晶现象，共晶温度为 221℃[19]。其微观组织凝固后为枝晶状β-Sn、Ag_3Sn 共晶组织，共晶组织在β-Sn 枝晶之间生长[20][图 1.2（b）]。研究表明，相比 Sn-Pb 系焊料，Sn-3.5Ag 焊料有更高的强度[21]、更好的抗蠕变性能[22]。在焊点界面上，Sn-Ag 合金在 Cu 基体上形成 IMC。靠近 Cu 的一侧为 Cu_3Sn 相，靠近焊料的另一侧为 Cu_6Sn_5 相，Ag 不与 Cu 基板发生反应，同时不会进入界面 IMC 层[23]。

而 Sn-Ag 焊料也有劣势，由于 Sn-Ag 共晶焊料熔点较高，为了保证焊料的充分润湿，在回流焊接中需将回流温度提升到 250℃左右[4]，比 Sn-Pb 系焊料高出 30℃左右。此外，由于加入 3.5%Ag，焊料的成本大大增加，按照表 1.2 中的价格，Ag 的成本将占到材料成本的一半以上。此外，1.2.2 小节中也提到 Sn-Ag 系二元焊料在 Cu 焊盘上润湿性能相对较差，因此需要进一步提高其润湿性能以满足微电子行业的需要。

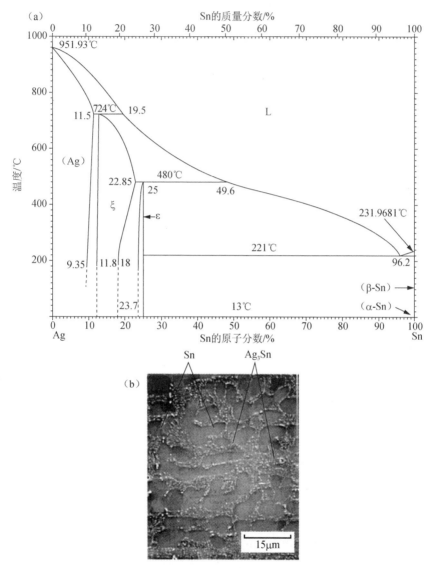

图 1.2　Sn-Ag 二元合金的共晶相图（a）[19]和 Sn-3.5Ag 焊料的微观组织（b）[24]

1.3.2　Sn-Zn 系共晶焊料

图 1.3（a）为 Sn-Zn 二元合金的共晶相图，从图中可以看到，Sn-Zn 二元合金体系的共晶成分为 Sn-9Zn。共晶成分下，Sn-Zn 二元合金的熔点为 198.5℃[19]，

其微观组织为粗大的先共晶β-Sn 和细小均匀的β-Sn 与密排六方 Zn 共晶组织[图 1.3（b）][25]。相比其他 Sn 合金焊料，Sn-Zn 体系的共晶温度与 Sn-Pb 体系最为接近。同时，相比 Sn-3.5Ag 焊料和 Sn-37Pb 焊料，Sn-9Zn 焊料具有更高的强度[26]。此外，在共晶焊料中，Sn-9Zn 焊料的成本仅高于 Sn-37Pb 焊料。

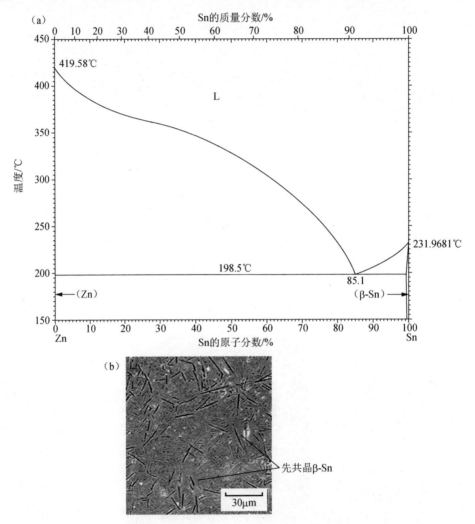

图 1.3　Sn-Zn 二元合金的共晶相图（a）[19]和 Sn-9Zn 焊料的微观组织（b）[27]

而 Sn-Zn 焊料的主要缺点在于其润湿性能较差，Sn-9Zn 在 Cu 上的润湿性能比纯 Sn、Sn-Pb、Sn-Ag-Cu 差[26]。通常认为，Zn 的氧化是导致 Sn-Zn 合金在 Cu 上润湿性能差的主要原因[28]。另外，与 Sn-Pb 体系和 Sn-Ag 体系不同，Sn-9Zn/Cu

焊点回流后,在界面上形成三层 Cu-Zn IMC,由焊料向 Cu 基底方向分别为γ-Cu₅Zn₈/β'-CuZn/一种未知的 CuZn 化合物,不形成任何含 Sn 的化合物[25]。Suganuma 等对该层界面稳定性进行了研究,结果表明,Sn-9Zn/Cu 焊点在 150℃下老化 100h 后界面 IMC 发生分解,失去 IMC 层阻挡后 Sn 溶蚀进入 Cu 基底,之后与 Cu 形成新的 Cu-Sn 阻挡层[29]。与此同时,在 150℃下经 100h 老化后,焊点的强度大大降低,因此 Sn-9Zn/Cu 焊点在热老化条件下可靠性较差。

1.3.3 Sn-Cu 系共晶焊料

图 1.4 为 Sn-Cu 二元合金的共晶相图和 Sn-0.7Cu 焊料的微观组织。Sn-Cu 二元体系的共晶成分为 Sn-0.7Cu,其共晶温度为 227℃,略低于 Sn 的熔点 232.0℃[30]。Sn-0.7Cu 凝固后的微观组织由粗大的β-Sn 枝晶和空心棒状 Cu₆Sn₅ 与β-Sn 的共晶组织构成[31]。Sn-0.7Cu 焊料的润湿性能与 Sn-3.5Ag 焊料相近[32],但是由于 Sn-0.7Cu 焊料共晶强化较少,强度相比 Sn-3.5Ag 焊料和 Sn-37Pb 焊料较低[33],同时 Sn-0.7Cu/Cu 焊点的强度也低于 Sn-3.5Ag/Cu 焊点[32]。另外,由于 Sn-Cu 共晶温度较高,相应需要更高的焊接温度,因此 Sn-0.7Cu 焊料使用较少。

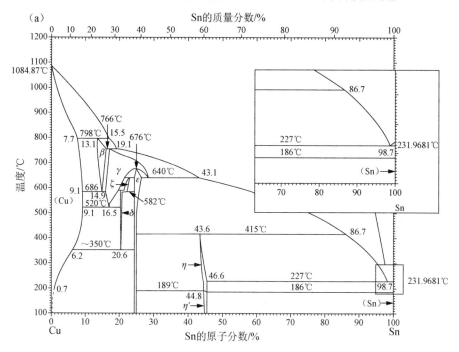

图 1.4 Sn-Cu 二元合金的共晶相图(a)[30]和 Sn-0.7Cu 焊料的微观组织(b)[31]

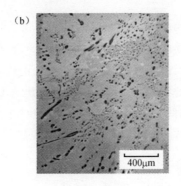

图 1.4（续）

1.3.4   Sn-Bi 系共晶焊料

图 1.5（a）所示 Sn-Bi 二元合金的共晶成分为 Sn-58Bi，共晶温度为 139℃[34]。由于 Sn 在 Bi 中的固溶度非常低，所以共晶组织中的 Bi 基本上是纯 Bi；但是室温下 Bi 在 Sn 中的固溶度约为 4%，而在凝固温度下 Bi 在 Sn 中的固溶度很大，约为 21%，因此在凝固后的冷却过程中 Bi 从 Sn 中析出。从图 1.5（b）中可以看出，

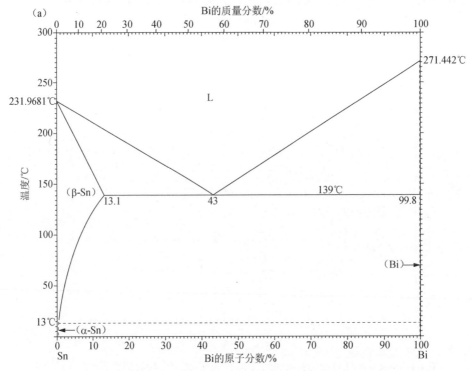

图 1.5   Sn-Bi 二元合金的共晶相图（a）[34]和 Sn-58Bi 焊料的微观组织（b）[35]

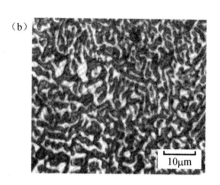

（b）

10μm

图 1.5（续）

在中等冷却速度下，Sn-58Bi 焊料微观组织为片层状[35]。Sn-Bi 共晶体系较低的共晶点使其在低温焊接领域使用了 20 多年。但是 Sn-Bi 焊点在慢冷情况下容易产生裂纹[36]，在波峰焊中容易发生剥离现象[37]。而 Sn-Bi 系焊料在再结晶过程中会发生体积膨胀，线膨胀率可达到 0.07%，由体积膨胀造成的应力硬化可能导致焊料脆化[38]。

1.3.5 Sn-In 系共晶焊料

从 Sn-In 二元合金的共晶相图［图 1.6（a）］可以看出，Sn-In 二元体系的共晶成分为 In-49.1Sn，共晶温度为 120℃。其共晶组织由两种 IMC 组成：富含 In，伪体心四方的 β 相，其中 Sn 含量为 44.8%；富含 Sn，密排六方的 γ 相，其中 Sn 含量为 77.6%[38]。图 1.6（b）为 In-48.3Sn 焊料的空冷微观组织。其中明亮相为富 Sn 相，呈等轴状颗粒；暗色相为富 In 相，其中有 Sn 析出[35]。研究表明，In-48Sn/Cu 焊点的微观形貌为片层状组织[39]，而基板类型对 Sn-In 焊点的微观组织有很大影响，由于 Cu 在 Sn-In 系共晶焊料中扩散很快，Cu 基板上的 Sn-In 焊点相比 Ni 基板呈现出更不规则的共晶形貌[40]。另外，经过长时间老化，Sn-In/Cu 焊点会出现显著的微观组织粗化[41]。与 Sn-Bi 系共晶焊料相似，Sn-In 系共晶焊料同样有较低的熔点；同时相比 Sn-Pb 系焊料，Sn-In 系共晶焊料对 Au 焊盘的溶蚀更小，因此 Sn-In 系共晶焊料被用于表面贴装工艺（surface mounted technology，SMT）。然而 Sn-In 系共晶焊料的熔点太低，容易使其发生高温蠕变现象[35]，此外，相比 Sn-Ag 系共晶焊料和 Sn-Bi 系共晶焊料，Sn-In/Cu 焊点的强度要低得多，并且随着温度的升高，强度下降幅度也更大[38]。另外从表 1.2 中可以看到 In 的价格很高，有时甚至超过贵金属 Ag 的价格。以上种种原因使 Sn-In 系共晶焊料的使用受到限制。

综上所述，二元共晶焊料的优缺点如表 1.3 所示。总体来说，虽然 Sn-Ag 系焊料的熔点和成本偏高，同时润湿性能偏差，但是其较高的可靠性使其得到了业界的广泛认可，特别是由其衍生的三元共晶焊料，下面将对这些三元焊料进行介绍。

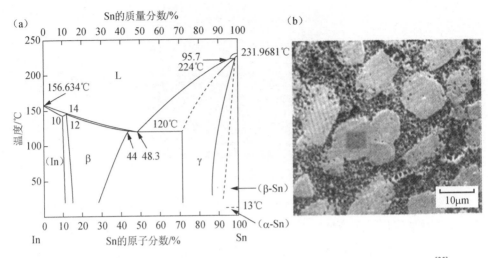

图 1.6　Sn-In 二元合金的共晶相图（a）[38]和 In-48.3Sn 焊料的微观组织（b）[35]

表 1.3　二元共晶焊料的优缺点

二元合金	共晶温度/℃	优点	缺点
Sn-Pb	183	良好的综合性能	具有毒性
Sn-Ag	221	高强度，抗蠕变	熔点偏高，成本较高
Sn-Zn	198.5	高强度，适当的熔点	易氧化，润湿性能差，易侵蚀铜基板
Sn-Bi	139	低成本，低熔点	容易发生脆化、剥离
Sn-In	120	低熔点，对 Au 溶蚀小	成本高，与 Cu 基板结合力差
Sn-Cu	227	成本低	低强度，高熔点

1.4　Sn-Ag 系三元焊料

1.4.1　Sn-Ag-Cu 系三元焊料

Sn-Ag-Cu 系三元焊料是目前使用最为广泛的三元共晶焊料。Cu 元素的加入在 Sn-Ag 系焊料的基础上降低了熔点，并提高了润湿性能[42, 43]。如图 1.7 所示，Sn-Ag-Cu 系三元焊料的共晶温度为 217.2℃，相比 Sn-Ag 二元共晶焊料降低了 3.8℃。共晶成分为 Sn-3.5Ag-0.9Cu，共晶组织为β-Sn+Ag$_3$Sn+Cu$_6$Sn$_5$三元共晶[43]。在共晶成分下，Cu$_6$Sn$_5$ 和 Ag$_3$Sn 相呈粗大的板条状［图 1.8（a）］[44]，粗大的 IMC 会造成焊料的脆性，影响焊料的力学性能，因此业界通常通过降低焊料中 Ag、Cu 的含量来抑制 IMC

生长。目前最常用的 Sn-Ag-Cu 系焊料为 Sn-3Ag-0.5Cu（SAC305）焊料，SAC305
焊料的微观组织由先共晶β-Sn 相和细密的β-Sn+Ag$_3$Sn+Cu$_6$Sn$_5$ 三元共晶组织组成
［图 1.8（b）］，但即使将 Ag 含量降低至 3%，焊料中也存在粗大的 Ag$_3$Sn IMC[45]。

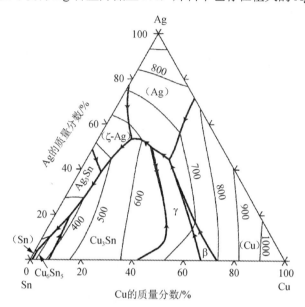

图 1.7　Sn-Ag-Cu 三元相图液相等温线图[43]

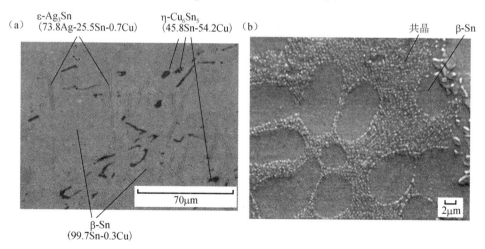

图 1.8　Sn-Ag-Cu 三元合金的微观组织：（a）Sn-3.5Ag-0.8Cu[44]；（b）SAC305[45]

　　Sn-Ag-Cu/Cu 焊点界面的主要产物为颗粒状 Cu$_6$Sn$_5$ 界面层，当 Sn-Ag-Cu 系
焊料中 Ag 含量超过 3%时，容易在焊点界面形成粗大的板状 Ag$_3$Sn，板状 Ag$_3$Sn

容易成为 Sn-Ag-Cu/Cu 焊点失效的主要原因（图 1.9）[46]。因此，工业生产中较多使用亚共晶的 SAC305 焊料。即使如此，SAC305 焊料在热老化过程中也同样会出现大块板状的 Ag_3Sn 相（图 1.10）[47]。

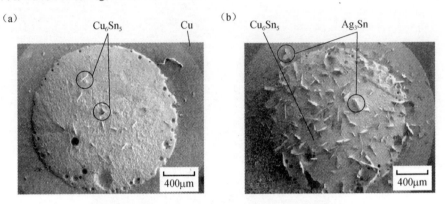

图 1.9　Sn-Ag-Cu/Cu 焊点界面 IMC 形貌[46]：（a）Sn-3Ag-0.5Cu；（b）Sn-3.9Ag-0.6Cu

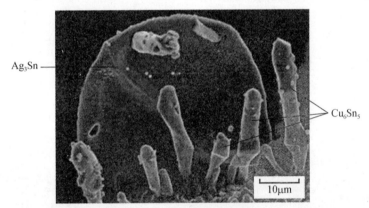

图 1.10　SAC305/Cu 焊点界面热老化后的 IMC 形貌[47]

1.4.2　Sn-Ag-Bi 系三元焊料

从 Sn-Ag-Bi 合金的三元相图［图 1.11（a）］中可以看到，Sn-Ag-Bi 三元合金的共晶成分位于 Sn-Bi 二元共晶成分附近，共晶成分为 43.47%Sn、55.85%Bi 和 0.68%Ag，共晶温度为 137.1℃，三元共晶组织为 $Ag_3Sn + Bi + \beta\text{-}Sn$[48]。研究表明，在 Sn-Ag 体系中加入 Bi 可以使液相线温度降低[48]，同时提高对 Cu 基板的润湿性能[49, 50]。但在 1.3.4 小节中提到二元 Sn-Bi 体系中存在焊料的脆化和剥离现象，同样在三元体系中大量添加 Bi 也会造成焊料的脆化和剥离，因此 Bi 通常只少量添加（除了特殊用途的 Sn-58Bi 焊料[51]）。Sn-3Ag-10Bi 焊料的微观组织如图 1.11（b）所示，由于成分偏离共晶成分，先共晶组织为 Sn-Ag 共晶组织 $Ag_3Sn + \beta\text{-}Sn$。在先

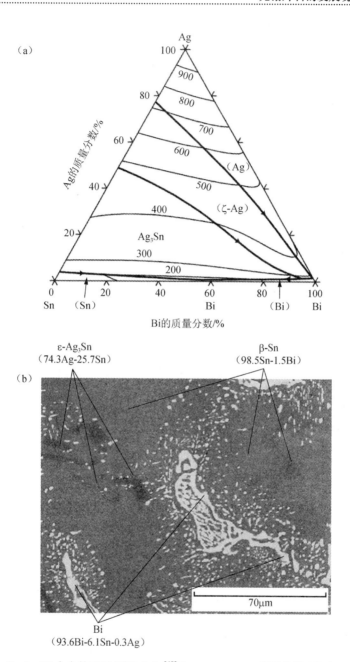

图 1.11 Sn-Ag-Bi 合金的三元相图（a）[48]和 Sn-3Ag-10Bi 焊料的微观组织（b）[44]

共晶反应中 Bi 不析出，使液相中的 Bi 增加，液相成分也更接近三元共晶成分，液相凝固温度也随之下降。最终液相成分达到三元共晶成分，在三元共晶温度下

Bi 于 Sn-Ag 二元共晶簇间隙中析出[44]。因此，加入 Bi 以后会使三元体系的固相线大幅度降低，熔程扩大至三元共晶温度附近[52]。由于 Bi 在β-Sn 中的固溶和析出，Sn-Ag-Bi 系焊料的强度有所提高，同时脆性也大大增加。另外，1.3.4 小节中也提到，即使少量添加 Bi 也可能导致剥离现象。由于熔程和力学性能的影响，Sn-Ag-Bi 系焊料相对 Sn-Ag-Cu 系焊料不具备竞争力。

1.4.3　Sn-Ag-In 系三元焊料

Sn-Ag-In 三元体系液相等温线图如图 1.12（a）所示。与 Sn-Ag-Bi 体系相似，Sn-Ag-In 体系的三元共晶成分（点 E）在 Sn-In 二元共晶成分（点 e_4）附近。如图 1.12（a）所示，共晶成分为 0.94%（原子分数）Ag、52.97%（原子分数）In、46.09%（原子分数）Sn，共晶温度为 114℃[53]，三元共晶反应产物为β-InSn+γ-InSn+Ag$_2$In。由于 In 成本很高，除了特殊用途的 Sn-In 共晶焊料，In 只在 Sn-Ag 二元体系中少量加入，此时先析出相为β-Sn 和 Ag$_2$In，三元共晶组织于先共晶相间隙析出［图 1.12（b）］[44]。与 Sn-Ag-Bi 体系相似，由于先共晶反应中

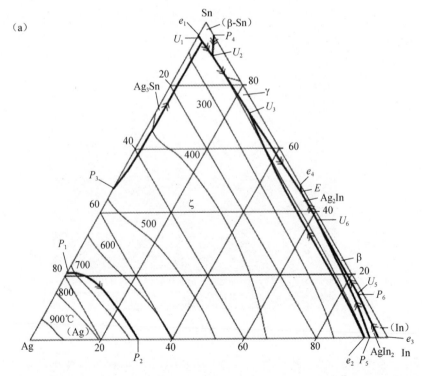

图 1.12　Sn-Ag-In 合金的三元相图（a）[53]和（b）Sn-2.3Ag-9In 焊料的微观组织[44]

（a）中 E 为三元共晶反应，P 为包晶反应，U 为包共晶反应，e 为二元共晶反应

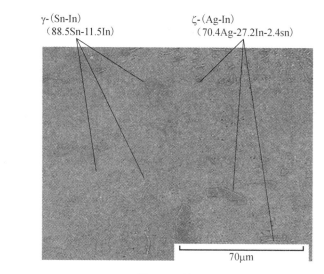

图 1.12（续）

In 的析出很少，随着凝固的进行，液相中的 In 含量将不断上升，从而使液相的凝固温度不断下降，造成熔程的增加。当 Sn-Ag-In 三元体系的 In 含量达到 16%时，最终凝固温度将降至三元共晶温度附近[54]。在力学性能方面，Sn-Ag 二元体系加入 In 后同样会导致焊料强度的上升和塑性的下降[55]，但是 Sn-3.5Ag-In 焊料的抗疲劳性能要优于其他三元合金，虽然 In 的加入也会造成热疲劳寿命的缩短，但与 Bi、Zn 和 Cu 相比，In 的影响要小得多。即使加 5%In，其热疲劳寿命也要优于 Sn-37Pb 焊料[56]。总体来说，Sn-Ag-In 焊料在熔融性能和成本上的劣势，使其相对于 Sn-Ag-Cu 焊料不具备竞争力。

1.4.4 Sn-Ag-Zn 系三元焊料

与其他三元共晶体系不同，Sn-Ag-Zn 三元共晶体系有两个三元共晶点，分别是图 1.13（a）中靠近 Sn-Ag 体系共晶点的 E_1 和靠近 Sn-Zn 体系共晶点的 E_2。因此，Sn-Ag-Zn 体系中有两种三元共晶焊料，分别是 Sn-Ag-Zn 系焊料和 Sn-Zn-Ag 系焊料[56]。Sn-Ag-Zn 共晶成分为 4.03%（原子分数）Ag、94.35%（原子分数）Sn、1.62%（原子分数）Zn，共晶温度为 216.4℃，几乎与 Sn-Ag-Cu 系焊料相同。共晶组织为 β-Sn + ζ-AgZn + Ag$_3$Sn，如图 1.13（b）所示，其微观组织为颗粒状 ζ-AgZn 和 Ag$_3$Sn IMC 均匀地分布在β-Sn 基体中。Sn-Ag-Zn/Cu 焊点界面 IMC 同样为颗粒状 Cu$_6$Sn$_5$，但在热老化过程中会有 Cu$_5$Zn$_8$ 于 Cu$_6$Sn$_5$ 层上生长并形成 Cu$_5$Zn$_8$ 层[57]，而在 250℃回流过程中 Cu$_5$Zn$_8$ 层会再度分解[58]。相比 Sn-Ag-Cu 系共晶焊料，Sn-Ag-Zn 系焊料的强度更高，但是塑性更差[55]。与 Cu 相比，Zn 更容易与 Ag 和 Cu 发生金属间化合反应，从而可以抑制 Sn-Ag 系焊料中 Ag₃Sn IMC 的形成和生长[59]，同时也能抑制 Sn-Ag/Cu 焊点界面的 IMC 生长[60]。另外，Zn 的加入可以提高 Sn-Ag/Cu 焊点的抗冲击能力[57]。但也有报道表明，Zn 的加入会降低 Sn-Ag/Cu 焊点的强度[61]。目前，关于 Sn-Ag-Zn 系焊料的研究主要集中于 Sn-3Ag-1Zn 焊料成分范围内，关于低 Ag 含量 Sn-Ag-Zn 系焊料还未见报道，此外关于 Zn 的加入是否会对焊料的抗氧化性和润湿性能造成不利影响还少有报道。

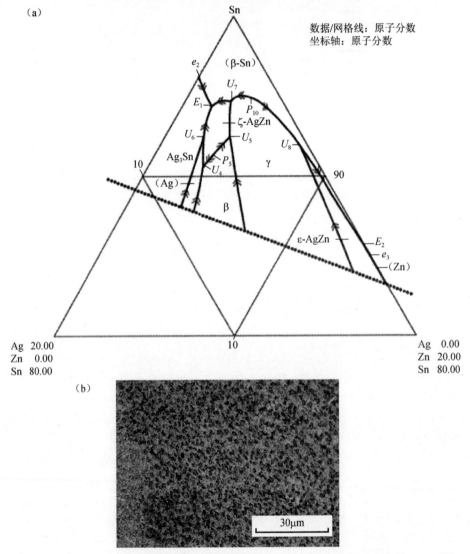

图 1.13　Sn-Ag-Zn 合金的三元相图（a）[56]和 Sn-3.7Ag-0.9Zn 焊料的微观组织（b）[66]

图 1.13（a）中各点的成分及所代表的平衡凝固反应如表 1.4 所示[56]。

表 1.4　图 1.13（a）中各点的成分及所代表的平衡凝固反应[56]

反应点	平衡反应	成分（原子分数）		
		Ag	Sn	Zn
E_1	L $\rightleftharpoons$ β-Sn+ζ-AgZn+Ag$_3$Sn	0.42	91.87	7.71
E_2	L $\rightleftharpoons$ ε-AgZn +β-Sn+(Zn)	0.04	85.7	14.26
e_2	L $\rightleftharpoons$ β-Sn+Ag$_3$Sn	3.8	96.2	0
e_3	L $\rightleftharpoons$ β-Sn+(Zn)	0	85.1	14.9
U_4	L+β $\rightleftharpoons$ (Ag)+ζ-AgZn	6.37	90.6	3.03
U_5	L+β $\rightleftharpoons$ γ+ζ-AgZn	3.99	92.45	3.56
U_6	L+(Ag) $\rightleftharpoons$ ζ-AgZn+Ag$_3$Sn	5.42	92.43	2.15
U_7	L+γ $\rightleftharpoons$ β-Sn+ζ-AgZn	2.82	94.66	2.52
U_8	L+γ $\rightleftharpoons$ β-Sn+ε-AgZn	4.03	94.35	1.62
P_5	L+β $\rightleftharpoons$ γ	12.69	52.62	34.69
P_{10}	L+γ $\rightleftharpoons$ β-Sn	1.95	94.98	3.07

注：表中反应点类型 E 为三元共晶反应，e 为二元共晶反应，U 为包共晶反应，P 为包晶反应。

Sn-Zn-Ag 三元共晶点的成分为 0.04%Ag、85.70%Sn、14.26%Zn，共晶温度为 193.7℃，三元共晶组织为 ε-AgZn + β-Sn + Zn。由于 Ag 的加入量很少，所以共晶温度和微观组织基本与 Sn-Zn 二元体系相同。由于 Ag 的加入可以提高 Sn-Zn 二元体系的润湿性能，所以关于 Sn-Zn-Ag 系焊料的润湿性能有较多的报道[62-64]。但是由于三元共晶点 Ag 含量只有 0.04%（原子分数），而提高润湿性能需要 Ag 含量为 0.5%以上才有明显效果，而 Ag 含量的提高会造成熔程的增大和先共晶 IMC 的形成，影响微观组织的均匀性[65]。此外，没有报道证明 Sn-Zn-Ag 焊料可以解决 Sn-Zn/Cu 焊点的可靠性问题。另外，加入 Ag 以后使焊料的成本升高。因此，Sn-Zn-Ag 体系焊料未得到广泛应用。

1.5　焊料中的微合金成分

除了本章介绍的 Ag、Cu、Zn、Bi、In 等会与 Sn 发生共晶反应的合金元素外，在无铅焊料的研究中，研究者还添加了 Al、Ni、Cr、稀土（RE）等元素来提高焊料的润湿性能、力学性能和可靠性。过量添加这些元素会对合金的熔融性能造成不利影响，所以这些元素通常只微量添加。

研究表明，在低 Ag 含量 SAC 焊料（Sn-1Ag-0.5Cu 和 Sn-1.5Ag-0.5Cu）中加入 Al 将降低焊料的强度，其原因是 Al 的加入抑制了高强度 IMC（如 Cu_6Sn_5 和 Cu_5Zn_8）的形成，转而形成强度较低的 IMC（Ag-Al、Cu-Al）[67]。另外，在 Cu 含量比较高的 SAC 焊料中加入 Al（Sn-0.2 Ag-3.9 Cu-1.9Al），由于 Al 和 Cu 生成 Cu-Al IMC，将增加焊料的强度[68]。而对 Sn-Zn-Al 系焊料的研究表明，Al 的加入能够强化 Sn-Zn 系焊料的抗氧化性，增加焊料与 Al 基板之间的润湿性能[69]。同时，Al 和 Cu 之间的反应会形成阻挡层，从而阻止焊料与 Cu 之间的相互反应[70]。

与 Al 相似，在低 Ag 含量 SAC 焊料中加入 Ni 会使焊料产生软化效果，并且能提高塑性[45]。Ni 加入 Sn-Ag-Cu 系焊料中可以减少焊料凝固的过冷度[71]，而加入 Ni 后可以使 Sn-Ag-Cu/Ni 焊点的强度得到提高[72]。而对于 Cu 基板，加入 Ni 后界面 Cu_6Sn_5 将由颗粒状变为针状，同时界面层厚度增加，形成 $(Cu，Ni)_6Sn_5$ IMC[73]。另外，加入 Ni 将使 Sn-Ag 系焊料的润湿性能下降[74]。相反，有报道表明在 Sn-Zn-Cu 体系中加入 Ni 可以使焊料的润湿性能提高；另外 Ni 的适量加入可以提高 Sn-Zn 系焊料的抗腐蚀性能[75]，但是会造成力学性能的降低[76]。

在 Sn-Zn 系焊料中加入 Cr 可以提升焊料的力学性能、抑制界面 IMC 的形成、增强抗氧化性能和对 Cu 基板的润湿性能，还能强化焊料的抗腐蚀性[77-79]。而关于 Cr 在 Sn-Ag 系焊料中运用的研究较少，有报道表明 Cr 添加于 Sn-Ag-Cu 系焊料中可以提高焊料的力学性能、抗氧化性能和对 Cu 基板的润湿性能[80]。

在 Sn-Ag-Cu 系焊料中添加 RE 可以提高焊料的润湿性能[81]，同时添加 RE 可以细化焊料的微观组织，从而提升焊料的力学性能[82]。但是另有研究表明，在焊料中加入 RE 会形成化合物 $RESn_3$。在热老化环境下 $RESn_3$ 会发生氧化分解现象，从而在焊料中产生应力，而内应力在老化过程中会诱发锡须的生长，从而降低焊料的可靠性[83]。

1.6 低 Ag 含量焊料及其存在的问题

1.4.1 小节中提到，虽然 Sn-Ag-Cu 系共晶焊料目前已经成为主流无铅焊料，但是 Sn-Ag-Cu 系共晶焊料存在的主要问题包括：①熔点偏高；②容易形成粗大的 Ag_3Sn IMC，可靠性低；③成本过高。其中后两个问题可以通过降低 Ag 含量来解决，因此诞生了低 Ag 含量焊料。本书中讨论的低 Ag 含量焊料是指 Ag 含量在 3%以下，并且共晶反应以 Sn-Ag 体系共晶反应为主的焊料，而不是在其他共晶体系中添加少量 Ag 的焊料。

目前对低 Ag 含量焊料的研究主要集中在 Sn-Ag-Cu 体系，如 SAC105 焊料得到了商业化运用。相比共晶 SAC305 焊料，SAC105 焊料不仅价格更低，同时 SAC105/Cu 焊点在热老化过程中不会形成粗大的 Ag_3Sn IMC[47]。此外，SAC105 焊料在 Cu-OSP 和 NiAu 焊点上的抗冲击性能也超过了 SAC305 焊料[84, 85]。但是 Ag 含量的降低也带来了一些缺点，主要有以下几个方面。

1）熔融性能降低。由于 Ag 含量的降低，凝固过程中将先析出β-Sn 先共晶相，使液相线提升至 226.8℃，相比 SAC305 焊料提升了 4℃。随着先共晶相的析出，液相成分逐步接近三元共晶成分，最后在三元共晶温度附近完成凝固（217.2℃）。因此，SAC105 焊料的固相线与 SAC305 焊料相同，但 SAC105 焊料的熔程比 SAC305 焊料要长 4℃[73]。

2）力学性能降低。从图 1.14 中可以看到，SAC105 焊料中的共晶组织要少于 SAC305 焊料中的共晶组织。由于焊料微观组织中缺乏 IMC 强化相，SAC105 焊料的机械强度要低于 SAC305 焊料的机械强度[45]。同样地，由于焊料强度的下降，SAC105/Cu 焊点的强度也低于 SAC305/Cu 焊点的强度。

3）热疲劳寿命降低。SAC105 焊料热疲劳寿命的缩短同样是由于焊料组织中缺乏增强相引起的。由于缺乏增强相，焊料中的先共晶β-Sn 相在热循环过程中容易发生再结晶现象，形成粗大的晶粒（图 1.15）。而热疲劳过程中，裂纹更容易沿着晶界扩展[86, 87]。

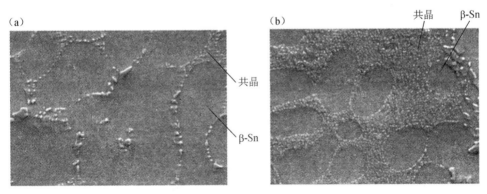

图 1.14　Sn-Ag-Cu 系焊料微观组织的对比：（a）SAC105；（b）SAC305[45]

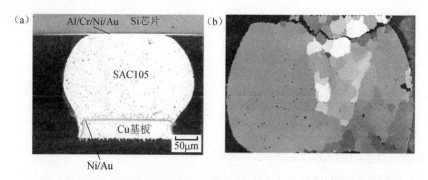

图 1.15　SAC105 焊料热循环过程中的焊点形貌：（a）热循环前的焊点；（b）热循环后焊点中的再结晶和裂纹扩展[86]

1.7　本 章 小 结

　　综上所述，虽然低 Ag 含量焊料存在各种问题，但巨大的市场前景使其成为近期研究的热点。目前研究方法主要集中在通过添加第四组元来提高低 Ag 含量 Sn-Ag-Cu 系焊料的性能。研究表明，在低 Ag 含量 Sn-Ag-Cu 系焊料中添加 Ni 可以提高焊料的抗拉强度、延展性和蠕变抗性[88-90]；掺杂 Zn 可以提高焊料的蠕变抗性、热稳定性和熔融性能[89, 91-93]；添加 Bi 可以增强焊料的热稳定性和强度[94]；掺杂 Al 可以提高焊料的润湿性能，而掺杂量的不同会造成软化或硬化效果 [95, 96]。虽然上述研究通过添加第四组元使低 Ag 含量 Sn-Ag-Cu 系焊料性能有所提高，可以解决低 Ag 含量焊料存在的某一方面的问题，但是由于低 Ag 含量 Sn-Ag-Cu 系焊料本身的缺陷，通过第四组元添加的方法得到的焊料目前还未在综合性能上达到或超过共晶 SAC305 焊料水平。另外，其他低 Ag 含量三元 Sn-Ag 系无铅焊料的研究较少，特别是 Sn-Ag-Zn 系焊料的研究基本局限于共晶成分附近，对低 Ag 含量领域鲜有报道。同时低 Ag 含量 Sn-Ag-Cu 系焊料相关成分的知识产权已经被国际专利覆盖，若要发展具有自主知识产权的低 Ag 含量无铅焊料就需要从 Sn-Ag-Cu 系焊料以外的三元焊料体系入手。

Sn-Ag-Zn 系焊料的熔融性能、微观组织和力学性能

第 1 章中提到，低 Ag 含量焊料存在的主要问题有熔融性能差、强度低，以及由此引起的可靠性缺陷。而目前解决这些问题的主要途径是通过改变无铅焊料的成分来提高各项性能。在合金材料中，材料的熔融性能、微观组织和力学性能是相互关联的，如低 Ag 含量焊料，由于成分偏离共晶点，会造成熔程扩大；而熔程扩大意味着先共晶相的粗大生长和成分偏析；粗大的先共晶相和成分不均匀又造成无铅焊料力学性能的下降。本章将对 Sn-Ag-Zn 焊料的熔融性能、微观组织和力学性能进行综合讨论，以明确其相关联系。

2.1 三元低 Ag 含量焊料熔融性能的理论分析

第 1 章提到目前常用的低 Ag 含量三元焊料体系有 Sn-Ag-Cu 系、Sn-Ag-Bi 系、Sn-Ag-In 系和 Sn-Ag-Zn 系。关于这些三元合金体系的热力学研究早已展开，而且这些三元合金的热力学相图都已有报道。虽然这些热力学研究主要基于平衡状态讨论，与实际生产中非平衡相变过程有所差异，但这些热力学数据依然可以作为合金设计的重要依据。因此，本节将通过这些热力学数据对以上三元焊料体系进行分析，主要讨论不同低 Ag 含量三元焊料体系通过改进合金成分来提高焊料熔融性能的可能性。下面将对 Sn-2Ag-1Cu、Sn-2Ag-1Bi 和 Sn-2Ag-1Zn 焊料的熔融性能进行分析。由于 In 的成本较高，而使用低 Ag 含量焊料的目的之一就是降低成本，加上低 Ag 含量 Sn-Ag-In 体系与 Sn-Ag-Bi 体系熔融过程相近，所以本节不对 Sn-Ag-In 体系做详细讨论。

2.1.1 低 Ag 含量 Sn-Ag-Cu 系焊料

本节使用 Scheil-Gulliver 模型对合金凝固进行分析[97, 98]。该模型为非平衡凝固模型，其特点是不考虑溶质于固态中的扩散和固溶，认为溶质完全排除于液相中。

若合金成分为 Sn-2Ag-1Cu，合金成分在三元相图上的投影为图 2.1 中的 M 点。在凝固过程中此处将先析出先共晶相 Cu_6Sn_5。随着 Cu_6Sn_5 的析出，液相中的 Cu 元素和 Sn 元素按照 6：5 的比例减少，Ag 元素增多。液相成分将沿着 Ma 线段变化，并与β-Sn+Cu$_6$Sn$_5$二元共晶线 Ee_1 相交于 a 点。随后发生二元共晶反应，析出β-Sn+Cu$_6$Sn$_5$共晶成分，液相成分将沿着 aE 线段变化。当液相成分到达三元共晶点 E 后发生共晶反应，析出三元共晶组织β-Sn+Cu$_6$Sn$_5$+Ag$_3$Sn。总的凝固反应为

$$L \longrightarrow L+Cu_6Sn_5 \longrightarrow L+Cu_6Sn_5+(\beta\text{-}Sn+Cu_6Sn_5) \longrightarrow$$
$$Cu_6Sn_5+(\beta\text{-}Sn+Cu_6Sn_5)+(\beta\text{-}Sn+Cu_6Sn_5+Ag_3Sn) \qquad (2.1)$$

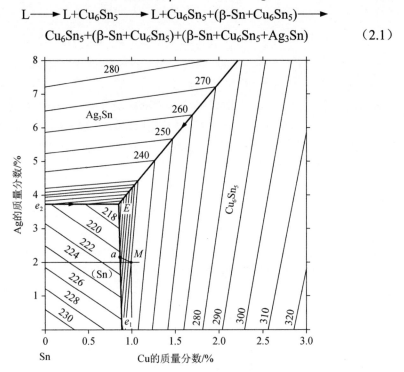

图 2.1   Sn-Ag-Cu 三元液相线投影图[43]

可以看到，Cu-Sn 二元共晶线 Ee_1 右侧的等温线十分密集，这意味着 Cu 含量的变化将造成液相线温度的急剧升高。当 Cu 含量超过 1%时，液相线温度将提高到 230℃以上，该体系的固相线温度为 Sn-Ag-Cu 三元共晶温度（217℃），熔程将大幅扩大。而添加少量 Cu 很难使合金的熔融性能和力学性能有较大的提升，所以本书不再对低 Ag 含量 Sn-Ag-Cu 体系进行进一步研究。

2.1.2   低 Ag 含量 Sn-Ag-Bi 系焊料

若合金成分为 Sn-2Ag-1Bi，则合金成分在三元相图上的投影为图 2.2 中的 M 点。在凝固过程中先共晶相为β-Sn。随着β-Sn 的析出，液相成分沿着背离纯 Sn 顶点方向移动，即沿着 Ma 线段变化，并与β-Sn+Ag$_3$Sn 二元共晶线 Ee_1 相交于 a 点。随后发生二元共晶反应，析出β-Sn+Ag$_3$Sn 共晶成分，液相成分将沿着 aE 线段变化。

当液相成分到达 *E* 点后发生共晶反应，析出三元共晶组织β-Sn+Ag₃Sn+Bi。总的凝固反应为

$$L \longrightarrow L+\beta\text{-}Sn \longrightarrow L+\beta\text{-}Sn+(\beta\text{-}Sn+Ag_3Sn) \longrightarrow$$
$$\beta\text{-}Sn+(\beta\text{-}Sn+Ag_3Sn)+(\beta\text{-}Sn+Ag_3Sn+Bi) \qquad (2.2)$$

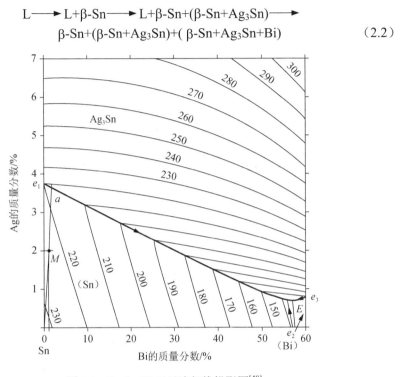

图 2.2　Sn-Ag-Bi 三元液相线投影图[48]

上面的凝固反应中，Bi 在最后三元反应中才析出，意味着反应的固相线温度将降低到 Sn-Ag-Bi 三元共晶温度（137.1℃）。而此成分合金的液相线温度为224℃，可以看出合金的熔程将大幅扩大。虽然继续增加 Bi 含量可以降低焊料的液相线，但要想满足表 1.1 中提到的无铅焊料标准，则需要添加 40%以上的 Bi，该成分远远超出低 Ag 含量焊料的研究范围。

实际上由于 Bi 在β-Sn 中有一定的固溶度，实际的反应过程中将有部分 Bi 固溶进入β-Sn。Ohnuma 等对 Sn-Ag-Cu 体系中加入 Bi 做了模拟研究[99]，图 2.3 中对比了平衡冷却和 Scheil 模型两种理想情况。研究表明，即使在平衡冷却过程中，Bi 的加入一样会较大地降低合金的固相线温度，相对来说对合金液相线温度降低得不多。另外，在普通焊接过程中由于冷却速度较快，合金很难达到平衡条件,实际结果要更接近 Scheil 凝固模型,因此本书不再对低 Ag 含量 Sn-Ag-Bi 体系进行进一步研究。

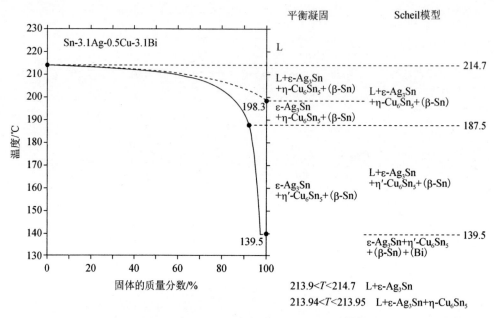

图 2.3　Sn-3.1Ag-0.5Cu-3.1Bi 合金凝固模拟[99]

2.1.3　低 Ag 含量 Sn-Ag-Zn 系焊料

Sn-2Ag-1Zn 合金的成分位于图 2.4 中的 M 点，凝固过程中其先共晶相为β-Sn 相。因为β-Sn 相的析出，液相成分将沿背离 Sn 顶点的方向即 Ma 线段变化，然后与β-Sn+ζ-AgZn 二元共晶线交于 a 点。随后液相中发生二元共晶反应，析出 β-Sn+ζ-AgZn 相，熔体成分沿着 aE_1 线变化，最终达到三元共晶成分 E_1。此时发生三元共晶反应，生成β-Sn+ζ-AgZn+Ag₃Sn 三元共晶组织。总的凝固反应为

$$L \longrightarrow L+β\text{-}Sn \longrightarrow L+β\text{-}Sn+(β\text{-}Sn+ζ\text{-}AgZn)\longrightarrow$$
$$β\text{-}Sn+(β\text{-}Sn+ζ\text{-}AgZn)+(β\text{-}Sn+ζ\text{-}AgZn+Ag_3Sn) \quad\quad (2.3)$$

由于目前还没有详细的 Sn-Ag-Zn 三元等温线相图，所以从三元相图中难以明确 Sn-2Ag-1Zn 焊料的液相线温度，但是从三元相图中看到其成分相比 Sn-2Ag 二元焊料更接近三元共晶点，同时没有生成难熔 IMC，因此可以判断液相线温度有所降低。另外，这一凝固过程在 Sn-Ag-Zn 三元共晶点完成共晶过程，固相线温度为216.4℃，不会出现类似 Sn-Ag-Bi 体系中出现的固相线下降、熔程扩大的问题。从三元相图中可以看到，Sn-2Ag-xZn 焊料中 Zn 含量可以进一步提高到 1.5%左右，此时才会达到二元共晶线 U_7U_8，同时液相线温度达到最低，而固相线温度不变。由此可以看到，Sn-Ag-Zn 体系可以通过添加 Zn 进一步提高熔融性能。同时更多增强相的引入也将有利于提高焊料的强度，从而解决由于 Ag 含量降低带来的强度降低问题。

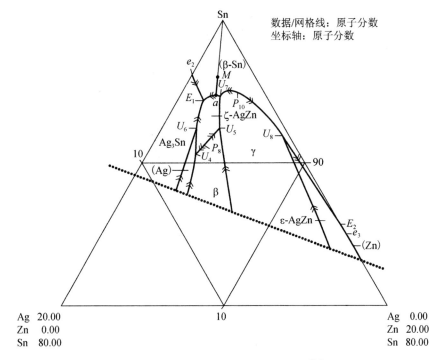

图 2.4　Sn-Ag-Zn 三元液相线投影图[56]

通过上面的分析可以看到，Sn-Ag-Zn 系焊料可以通过改变第三组元的配比来提高焊料的熔融性能，而 Sn-Ag-Cu 体系和 Sn-Ag-Bi 体系不具备这一特点。因此后面的研究将以 Sn-Ag-Zn 体系为研究对象。

2.2　Sn-Ag-Zn 系焊料的熔融性能

从 2.1 节对三元相图的分析中可以得到结论：Sn-Ag-Zn 系焊料可以通过改变第三组元的配比来提高焊料的熔融性能。但是三元相图用于研究平衡凝固过程中相变的情况，而实际焊料运用于非平衡凝固环境，因此上述结论还需要进行实验验证。本节将使用差示扫描量热法（differential scanning calorimetry，DSC）对低 Ag 含量 Sn-Ag-Zn 系无铅焊料进行研究，以验证对于低 Ag 含量 Sn-Ag-Zn 系无铅焊料；通过调整 Zn 含量来提高焊料熔融性能的可能性。

为了研究 Zn 含量对焊料熔融性能的影响，本节对 Sn-xAg-yZn（x=1，1.5，2，3；y=1，1.5，2，2.5，3，4）合金进行研究，实验焊料成分于三元相图上的位置如图 2.5 所示。本次研究的焊料配比如表 2.1 所示。

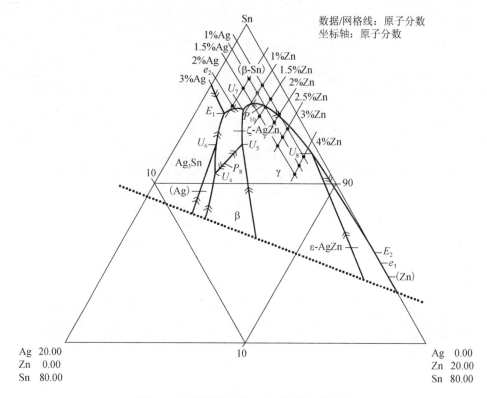

图 2.5 实验焊料成分于三元相图上的位置

表 2.1 本次研究的焊料配比

焊料合金	Sn 的质量分数/%	Ag 的质量分数/%	Zn 的质量分数/%	焊料合金	Sn 的质量分数/%	Ag 的质量分数/%	Zn 的质量分数/%
Sn-3Ag-1Zn	Bal.	3	1	Sn-1.5Ag-2.5Zn	Bal.	1.5	2.5
Sn-2Ag-1Zn	Bal.	2	1	Sn-1.5Ag-3Zn	Bal.	1.5	3
Sn-2Ag-1.5Zn	Bal.	2	1.5	Sn-1.5Ag-4Zn	Bal.	1.5	4
Sn-2Ag-2Zn	Bal.	2	2	Sn-1Ag-1Zn	Bal.	1	1
Sn-2Ag-2.5Zn	Bal.	2	2.5	Sn-1Ag-1.5Zn	Bal.	1	1.5
Sn-2Ag-3Zn	Bal.	2	3	Sn-1Ag-2Zn	Bal.	1	2
Sn-2Ag-4Zn	Bal.	2	4	Sn-1Ag-2.5Zn	Bal.	1	2.5
Sn-1.5Ag-1Zn	Bal.	1.5	1	Sn-1Ag-3Zn	Bal.	1	3
Sn-1.5Ag-1.5Zn	Bal.	1.5	1.5	Sn-1Ag-4Zn	Bal.	1	4
Sn-1.5Ag-2Zn	Bal.	1.5	2				

注：Bal.代表余量，即除了其他化学元素，剩下的就是 Sn 的含量。

2.2.1 Sn-Ag-Zn 系焊料的 DSC 分析

2.1.3 小节通过相图分析得知，Sn-2Ag-1Zn 焊料的凝固过程分为 3 个阶段：①β-Sn 先共晶；②β-Sn+ζ-AgZn 二元共晶；③β-Sn+ζ-AgZn+Ag$_3$Sn 三元共晶。而 Sn-2Ag-1Zn 焊料的熔融过程如图 2.6 所示。从图 2.6 中可以看到，Sn-2Ag-1Zn 焊料的熔融过程与理论分析相似，可以分为三元共晶组织熔化、二元共晶组织熔化和先共晶组织熔化 3 个阶段。由于测试过程中升温较快，熔融反应可能在过热环境下完成，所以反应的吸热峰相互交叠，没有明显界线。

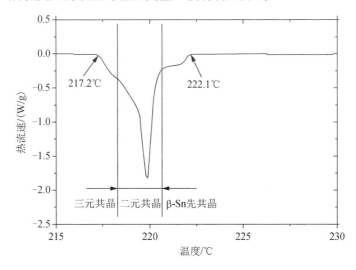

图 2.6　Sn-2Ag-1Zn 焊料的 DSC 分析结果

2.2.2 Ag 含量对 Sn-xAg-1Zn 焊料熔融性能的影响

图 2.7 列举了 Sn-xAg-1Zn 焊料的 DSC 分析结果。从图中可以看出，Ag 含量对 Sn-xAg-1Zn 系焊料的固相线温度基本没有影响，但是对液相线温度有很大影响。Sn-3Ag-1Zn 熔融过程中基本看不到先共晶β-Sn 相的熔化吸热峰。随着 Ag 含量的降低，熔程逐渐扩大，三元共晶组织、二元共晶组织和先共晶相的熔化吸热峰逐渐分离，先共晶相的吸热峰越来越明显，而二元共晶组织的吸热峰逐渐降低。Sn-xAg-1Zn 焊料的固相线温度与 SAC305 焊料相近，都在 217℃左右。而 Sn-3Ag-1Zn 焊料的液相线温度为 220.7℃，Sn-2Ag-1Zn 焊料的液相线温度为 222.1℃，低于 SAC305 焊料（222.81℃）[73]，熔融性能有一定的优势。而 Sn-1Ag-1Zn 焊料的液相线温度为 226.4℃，基本与 SAC105 焊料一致（226.8℃）[73]，这说明 Sn-Ag-Zn 系焊料中降低 Ag 含量同样会带来熔融性能下降的问题。

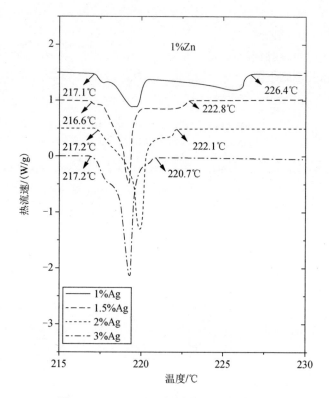

图 2.7　Sn-xAg-1Zn 焊料的 DSC 分析结果

2.2.3　Zn 含量对 Sn-2Ag-xZn 焊料熔融性能的影响

　　图 2.8 为 Sn-2Ag-xZn 焊料的 DSC 分析结果。从图中可以看出，当 Zn 含量提高到 1.5%时，焊料中先共晶相的熔化吸热峰明显降低，说明 Zn 含量的提高可以抑制先共晶相的生成。而 Zn 含量提高到 2%时，液相线温度有所提高。通过相图分析可知，Sn-2Ag-2Zn 焊料先共晶生成 Cu_5Zn_8 相，Cu_5Zn_8 的先共晶可能是液相线温度升高的原因。对比 Sn-2Ag-1Cu 焊料，由于 Cu_6Sn_5 的形成使液相线上升 10℃以上，这里 Cu_5Zn_8 的形成仅使液相线上升了不到 2℃，相比而言 Cu_5Zn_8 的形成对液相线温度影响不大。另外，Sn-2Ag-2Zn 焊料固相线一端没有发现三元共晶的吸热峰，由此判断焊料中没有三元共晶组织或者三元共晶量很少。虽然从三元 Sn-Ag-Zn 相图（图 2.5）上看 Sn-2Ag-2.5Zn 焊料中先共晶 γ-AgZn 的析出过程要比 Sn-2Ag-2Zn 焊料长，可能存在更多的 γ-AgZn。但是相比 Sn-2Ag-2Zn 和 Sn-2Ag-3Zn 焊料，Sn-2Ag-2.5Zn 焊料的液相线温度更低，由此推论 Sn-2Ag-2.5Zn 焊料中 γ-AgZn 相更少，这一现象将在 2.5 节中进一步讨论。随着 Zn 含量的增加，Sn-2Ag-xZn

焊料的固相线温度开始下降，而 Zn 含量达到 4%时固相线温度开始急剧下降。总体来说，在 Sn-2Ag-xZn 焊料中，Sn-2Ag-1.5Zn 到 Sn-2Ag-3Zn 焊料都具有良好的熔融性能，它们的熔融性能都超过共晶 SAC305 焊料[73]。当 Zn 含量超过 3%时，焊料固相线温度急剧下降，造成熔程扩大，因此 Sn-2Ag-xZn 焊料的 Zn 含量不宜超过 3%。

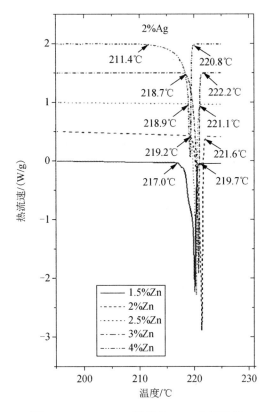

图 2.8　Sn-2Ag-xZn 焊料的 DSC 分析结果

2.2.4　Sn-1Ag-xZn 和 Sn-1.5Ag-xZn 焊料的熔融性能

图 2.9 为 Sn-1Ag-xZn 和 Sn-1.5Ag-xZn 焊料的 DSC 分析结果。从图中可以看出，当 Zn 含量为 1.5%和 2%时，先共晶相的熔融吸热峰大幅度减小并消失，该现象与 Ag 含量为 2%的焊料相同。与 Ag 含量为 2%的焊料不同的是，当 Zn 含量达到 2.5%后，固相线温度开始大幅度下降，特别是 Sn-1Ag-3Zn 、Sn-1Ag-4Zn 和 Sn-1.5Ag-4Zn 焊料的固相线温度会下降到 Sn-Zn 共晶温度，这一现象说明焊料内部存在 Sn-Zn 共晶组织。总体来说，当 Ag 含量降低至 1%和 1.5%时，添加 Zn 至 2%可以抑制先共晶β-Sn 的形成，但是 Zn 含量超过 2%会造成固相线温度急剧下

降和熔程扩大，因此 Zn 含量不宜超过 2%。对比图 2.8 可以看出，当 Ag 含量为 2%时，Zn 含量为 1.5%～3%，熔程都在 4℃以内；而当 Ag 含量下降到 1%和 1.5% 后，仅有 Sn-1Ag-2Zn 和 Sn-1.5Ag-2Zn 两种焊料熔程在 4℃以内。这说明 Ag 含量下降后，具有良好熔融性能的成分配比范围变小了。

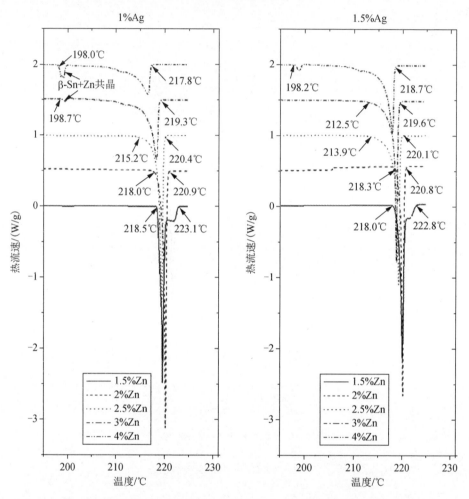

图 2.9　Sn-1Ag-xZn 和 Sn-1.5Ag-xZn 焊料的 DSC 分析结果

　　通过以上分析可知，低 Ag 含量 Sn-Ag-Zn 系无铅焊料确实可以通过改变 Zn 含量来改善焊料的熔融性能。当 Sn-Ag-Zn 系焊料中 Ag 含量分别为 1%、1.5%和 2%时，Sn-1Ag-2Zn、Sn-1.5Ag-2Zn 和 Sn-2Ag-1.5~2.5Zn 焊料有良好的熔融性能。这些焊料的熔融性能不仅优于低 Ag 含量 SAC105 焊料，而且优于共晶 SAC305 焊料[73]。

2.3　Sn-Ag-Zn 系焊料的微观组织

2.3.1　Ag 含量对 Sn-xAg-1Zn 焊料微观组织的影响

图 2.10 为 Sn-xAg-1Zn 焊料的微观组织。如图 2.10（a）和（b）所示，Sn-3Ag-1Zn 焊料的微观组织由树枝状先共晶β-Sn 相和β-Sn+ζ-AgZn+Ag₃Sn 三元共晶组织组成[66]。从图 2.10（c）可以看出，随着 Ag 含量的降低，树枝状先共晶β-Sn 相明显增加。同时从图 2.10（d）中可以看到，焊料中存在两种不同的共晶组织，比较粗大的共晶组织和比较细密的共晶组织。通过图 2.11 中的 X 射线衍射（X-ray diffraction，XRD）分析结果可以看到，Sn-2Ag-1Zn 焊料由 β-Sn、ζ-AgZn 和 Ag₃Sn 3 种物相组成。结合表 2.2 中的能量色散 X 射线光谱（energy dispersive X-ray spectroscopy，EDX）分析结果可知，粗大的共晶组织中 Ag 和 Zn 的比例接近 1∶1，因此可以判断此共晶组织为β-Sn+ζ-AgZn 二元共晶组织；而细密的共晶组织中 Ag 含量比较高，由此可以判断此共晶组织为β-Sn+ζ-AgZn+Ag₃Sn 三元共晶组织。从凝固形态来看，二元共晶组织位于二次枝晶之间，而三元共晶组织位于大块的枝晶之间，由此可以判断二元共晶组织在三元共晶组织之前凝固，这一结果与理论分析及 DSC 分析结果吻合。当 Ag 含量降低到 1%时，从图 2.10（e）和（f）中可以看到树枝状先共晶β-Sn 相进一步增加，而共晶组织趋于一致。由图 2.11 的 XRD 分析结果可以看到，虽然 Sn-1Ag-1Zn 焊料衍射峰较弱，但其与 Sn-2Ag-1Zn 焊料的物相组成相同。

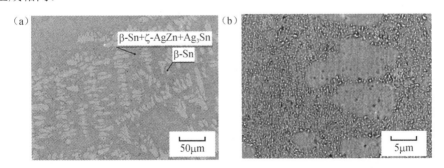

图 2.10　Sn-xAg-1Zn 焊料的微观组织：（a）、（b）Sn-3Ag-1Zn；
（c）、（d）Sn-2Ag-1Zn；（e）、（f）Sn-1Ag-1Zn

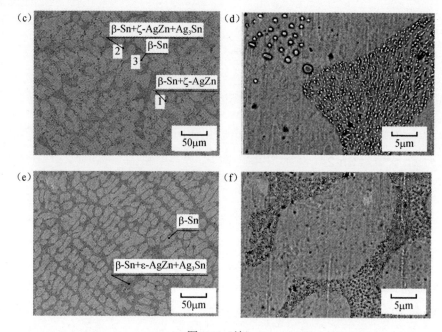

图 2.10（续）

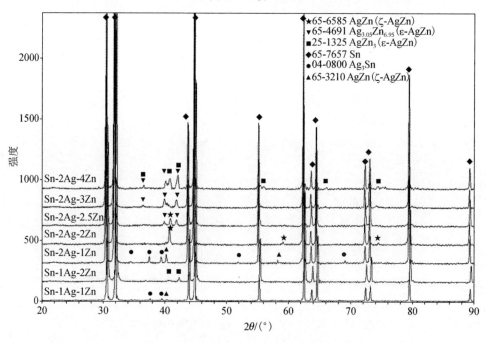

图 2.11　Sn-Ag-Zn 系焊料的 XRD 分析结果

表 2.2　图 2.10 中焊料的 EDX 分析结果

编号	原子分数/%			物相鉴定
	Sn	Ag	Zn	
1	33.85	33.06	33.09	β-Sn+ζ-AgZn
2	49.43	44.06	6.52	β-Sn+ζ-AgZn+ Ag$_3$Sn
3	100	0	0	β-Sn

2.3.2　Zn 含量对 Sn-2Ag-xZn 焊料微观组织的影响

图 2.12 为 Sn-2Ag-xZn 焊料的微观组织。从图 2.12（a）中可以看到，当 Zn 含量由 1%提升到 1.5%后焊料中的先共晶 β-Sn 相明显减少，共晶组织明显增多。这说明 Zn 含量的提高可以抑制先共晶 β-Sn 相的形成，这一结果与理论分析和 DSC 分析结果相符。共晶组织呈等轴状生长，从放大图［图 2.13（a）］中可以看到，共晶族之间有颗粒状 IMC 生成，通过表 2.3 中的 EDX 分析结果可知，这些 IMC 为 Ag$_3$Sn 相。

如图 2.12（b）所示，当 Zn 含量提升到 2%时，焊料中出现黑色的 IMC 相，通过表 2.3 中的 EDX 分析结果可以确定这些黑色 IMC 相为 γ-AgZn(Ag$_5$Zn$_8$)相。从三元相图分析可知，这些 γ-AgZn 相为先共晶相，DSC 分析中出现的 Sn-2Ag-2Zn 焊料液相线上升就是由 γ-AgZn 相的先共晶引起的，但是由于生成量很小，图 2.11 所示的 XRD 分析结果中难以检测到 γ-AgZn 相。这些 γ-AgZn 相有很大概率出现正六边形或近似形貌，由此判断 γ-AgZn 相呈六棱柱状生长。先共晶相析出后将出现 β-Sn+γ-AgZn 二元共晶，由微观组织可以看到，β-Sn+γ-AgZn 二元共晶并没有呈条纹状生长，通常是呈 β-Sn 包裹 γ-AgZn 的方式生长，少量 β-Sn 会呈枝晶状生长，这一现象也是由共晶量少而引起的共晶离异现象。当 Zn 含量达到 2%后，焊料的微观组织中不再有大块的 β-Sn 枝晶，焊料的微观组织主要由共晶组织组成。从放大图［图 2.13（b）］中可以看出，共晶组织共晶条纹非常细小，其尺寸在纳米等级。对图 2.13（b）中的点 7 进行 EDX 分析（表 2.3），结合图 2.11 可知共晶组织为 β-Sn+ζ-AgZn 二元共晶。由于共晶条纹的生长方向不同而形成了晶界和亚晶界，从而可以看到共晶组织由小的共晶晶粒组成，晶粒大小为 4～10μm。

图 2.12（c）为 Sn-2Ag-2.5Zn 焊料的微观组织。从中可以看到，焊料中很少有先共晶 γ-AgZn，DSC 分析中（图 2.8）Sn-2Ag-2.5Zn 焊料的液相线有所下降，说明该成分较少形成先共晶 γ-AgZn。另外，从三元相图（图 2.5）的分析中可以看到，在 Sn-2Ag-2.5Zn 焊料的凝固过程中，随着先共晶相 γ-AgZn 的析出，熔体成分将变化至 P_{10} 点附近。而 P_{10} 点将发生包晶反应：L+γ-AgZn⟶β-Sn[56]。在这个反应过程中先共晶 γ-AgZn 相将发生溶解，使焊料中先共晶相减少。从图 2.12（c）

中可以看到，Sn-2Ag-2.5Zn 焊料的微观组织由等轴状的共晶族组成。共晶族尺寸为 40～120μm。从放大图［图 2.13（c）］中可以看出，与 Sn-2Ag-2Zn 焊料相比，Sn-2Ag-2.5Zn 的共晶组织条纹略有粗化。与 Sn-2Ag-1.5Zn 焊料类似，Sn-2Ag-2.5Zn 焊料共晶族之间也出现连续的β-Sn 相和颗粒状 IMC。不同的是，从对点 8 的 EDX 分析结果可以看到，这种颗粒状 IMC 中 Zn 含量很高，对照 Sn-Zn 二元相图可以确定这种 IMC 为ε-AgZn 相。XRD 分析结果也与上面结果相符，从图 2.11 中可以看到随着 Zn 含量由 2%提升到 2.5%，ζ-AgZn 衍射峰减弱，而ε-AgZn 衍射峰出现。

当 Zn 含量上升至 3%时，Sn-2Ag-3Zn 焊料中再次出现黑色的先共晶 IMC。与 Sn-2Ag-2Zn 焊料中正六边形形貌的先共晶相不同，Sn-2Ag-3Zn 中的先共晶相呈六角星状对称生长，个别粗大的先共晶相呈树枝状生长，关于先共晶 IMC 的变化将在 2.5.2 小节中讨论。相比 Sn-2Ag-2.5Zn 焊料，Sn-2Ag-3Zn 焊料中的共晶组织减少而β-Sn 相明显增加［图 2.12（d）和图 2.13（d）］，该现象是由于先共晶相的增加使先共晶反应过程中消耗的 Ag 和 Zn 增加，而参与共晶反应的 Ag 和 Zn 减少造成的。从图 2.13（d）中可以看到，Sn-2Ag-3Zn 焊料中的先共晶组织有明显粗化，通过图 2.11 中的 XRD 分析结果可以看到，焊料中的ζ-AgZn 相完全消失，仅剩下ε-AgZn 相。由此可以判断 Sn-2Ag-3Zn 焊料中的共晶组织为β-Sn+ε-AgZn，该结论通过对图 2.13（d）中点 9（表 2.3）进行 EDX 分析同样得以验证。

Sn-2Ag-4Zn 焊料的微观组织与 Sn-2Ag-3Zn 焊料相似。图 2.12（e）和图 2.13（e）为 Sn-2Ag-4Zn 焊料的微观组织。从图中可以看出，相比 Sn-2Ag-3Zn 焊料，Sn-2Ag-4Zn 焊料中的黑色先共晶组织更多，先共晶相进一步呈对称树枝状生长。而β-Sn 相进一步增加，共晶组织进一步减少，同样是由于先共晶相的增加消耗了 Ag 和 Zn 而引起的。由 EDX 分析结果（表 2.3 中点 11）可知，先共晶相同样为γ-AgZn+ε-AgZn 混合相。

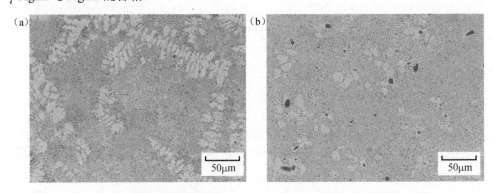

图 2.12　Sn-2Ag-xZn 焊料的微观组织：（a）Sn-2Ag-1.5Zn；（b）Sn-2Ag-2Zn；
（c）Sn-2Ag-2.5Zn；（d）Sn-2Ag-3Zn；（e）Sn-2Ag-4Zn

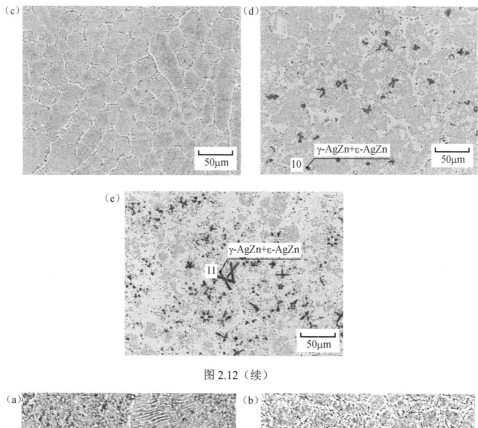

图 2.12（续）

图 2.13　Sn-2Ag-xZn 焊料的微观组织放大图：（a）Sn-2Ag-1.5Zn；（b）Sn-2Ag-2Zn；
（c）Sn-2Ag-2.5Zn；（d）Sn-2Ag-3Zn；（e）Sn-2Ag-4Zn

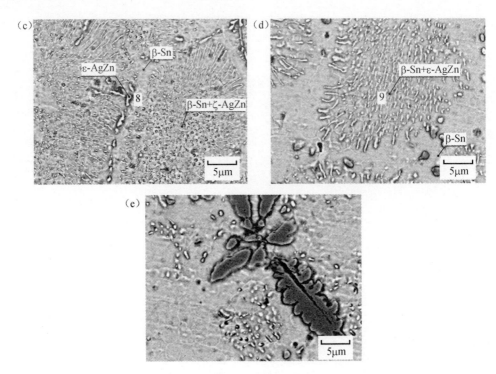

图 2.13（续）

表 2.3　图 2.12 和图 2.13 中焊料的 EDX 分析结果

编号	原子分数/%			物相鉴定
	Sn	Ag	Zn	
4	85.53	12.66	1.81	Ag₃Sn
5	0	40.16	59.84	γ-AgZn
6	99.22	0	0.78	β-Sn
7	93.11	3.24	3.63	β-Sn+ζ-AgZn
8	58.65	9.97	31.38	ε-AgZn
9	52.05	14.33	33.62	β-Sn+ε-AgZn
10	0	35.91	64.09	γ-AgZn+ε-AgZn
11	0	33.40	66.60	γ-AgZn+ε-AgZn

注：为了保证真实性，表中所列数据为检测设备的原始数据，由于不可消灭误差，因此个别行会出现原子分数之和不等于 100%的情况。本书中其他类似情况，不再标注。

2.3.3　Sn-1Ag-xZn 焊料和 Sn-1.5Ag-xZn 焊料的微观组织

图 2.14 为 Sn-1.5Ag-xZn 焊料和 Sn-1Ag-xZn 焊料的微观组织。从图中可以看出，随着 Zn 含量的增加，微观组织的变化规律与 Sn-2Ag-xZn 焊料相似，主要不

同点在于先共晶相由β-Sn 相变化为γ-AgZn 相时的 Zn 含量不同。图 2.14（a）为
Sn-1.5Ag-2Zn 焊料的微观组织，可以看出当 Ag 含量为 1.5%时，Zn 含量达到 2%
后焊料的微观组织已经由树枝状组织变为等轴状共晶组织，其微观组织与
Sn-2Ag-2.5Zn 焊料十分相似［图 2.12（c）］。而当 Ag 含量为 1%时，Sn-1Ag-2Zn
焊料中还存在着大量的树枝状先共晶β-Sn 相［图 2.14（d）］，而 Zn 含量提高到 3%
后才使先共晶相消失，微观组织转变为等轴状共晶组织［图 2.14（e）］。

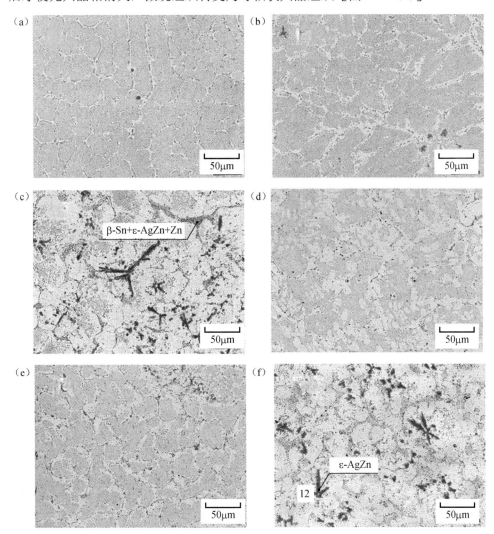

图 2.14　Sn-Ag-Zn 焊料的微观组织：（a）Sn-1.5Ag-2Zn；（b）Sn-1.5Ag-3Zn；
（c）Sn-1.5Ag-4Zn；（d）Sn-1Ag-2Zn；（e）Sn-1Ag-3Zn；（f）Sn-1.5Ag-4Zn

从图 2.14（b）和（c）可以看出，随着 Zn 含量的增加，焊料中同样出现先共晶 IMC 的增加并呈树枝状生长，β-Sn 相增加，而共晶组织减少的现象。从 DSC 分析结果（图 2.9）可知，Sn-1.5Ag-4Zn 焊料熔融过程出现β-Sn+ε-AgZn+Zn 三元相熔融吸热峰，说明焊料中存在β-Sn+ε-AgZn+Zn 三元共晶组织。在图 2.14（c）中可以看到，于β-Sn+ε-AgZn 二元共晶族中间存在深色的共晶组织，从微观形貌上看该组织存在于最后凝固的区域。因此可以判断该共晶组织为熔融温度最低的β-Sn+Zn 共晶组织。此外，对图 2.14（f）中 12 点处的先共晶相进行 EDX 分析（表 2.4）可以发现，此时的先共晶相已经完全转变为ε-AgZn 相。

表 2.4　图 2.14 中焊料的 EDX 分析结果

编号	原子分数/%			物相鉴定
	Sn	Ag	Zn	
12	0	31.59	68.05	ε-AgZn

2.4　Sn-Ag-Zn 系焊料的力学性能

由于材料的力学性能和微观组织是相互关联的，2.3 节中提到由于 Sn-Ag-Zn 系焊料中 Ag、Zn 含量不同，其微观组织存在很大差异。因此，Sn-Ag-Zn 焊料的力学性能也存在很大差异。表 2.5 中列举了 Sn-Ag-Zn 焊料的力学性能，本节将结合焊料的微观组织对 Sn-Ag-Zn 系焊料的力学性能进行分析研究。力学性能测试采用室温拉伸的方法，参照国际标准 ISO 6892—1：2016《金属材料——拉伸试验　第 1 部分：室温测试方法》进行。

表 2.5　Sn-Ag-Zn 系焊料、Sn-Ag-Cu 系焊料和 Sn-Zn 系焊料的力学性能

焊料	强度/MPa	延伸率/%	焊料	强度/MPa	延伸率/%
SAC305	38.3	30.8	Sn-1.5Ag-2Zn	47.4	24.8
SAC105	30.5	27.1	Sn-1.5Ag-2.5Zn	46.2	19.1
Sn-3Ag-1Zn	47.5	18.8	Sn-1.5Ag-3Zn	45.8	21.9
Sn-2Ag-1Zn	45.7	20.7	Sn-1.5Ag-4Zn	45.3	26.1
Sn-2Ag-1.5Zn	49.3	17.6	Sn-1Ag-1Zn	41.8	20.0
Sn-2Ag-2Zn	53.7	13.8	Sn-1Ag-1.5Zn	42.2	23.6
Sn-2Ag-2.5Zn	49.8	27.2	Sn-1Ag-2Zn	45.0	20.0
Sn-2Ag-3Zn	48.0	22.0	Sn-1Ag-2.5Zn	45.4	21.5

续表

焊料	强度/MPa	延伸率/%	焊料	强度/MPa	延伸率/%
Sn-2Ag-4Zn	46.4	25.7	Sn-1Ag-3Zn	45.7	22.1
Sn-1.5Ag-1Zn	44.2	19.9	Sn-1Ag-4Zn	42.8	25.9
Sn-1.5Ag-1.5Zn	43.9	17.6	Sn-9Zn	71.27	16.0
Sn-8Zn-3Bi	86.0	12.4			

2.4.1　Sn-xAg-1Zn 焊料的力学性能

图 2.15（a）为 Sn-xAg-1Zn 焊料的应力-应变曲线。由于图中曲线为比较具有代表性的单次测试的结果，与表 2.5 中 4 次测试的平均值存在一定的差异。从表 2.5 中可以看到，总体来说 Sn-xAg-1Zn 焊料的强度要高于 Sn-Ag-Cu 系焊料，但是低于 Sn-Zn 系焊料；而塑性正好相反，比 Sn-Zn 系焊料要高，但低于 Sn-Ag-Cu 系焊料，由此可以看出 Zn 在焊料中有很好的强化效果。从图 2.15（c）和（d）中可以看到，在 Sn-xAg-1Zn 焊料中，Sn-3Ag-1Zn 焊料有最高的强度，但是塑性最低，

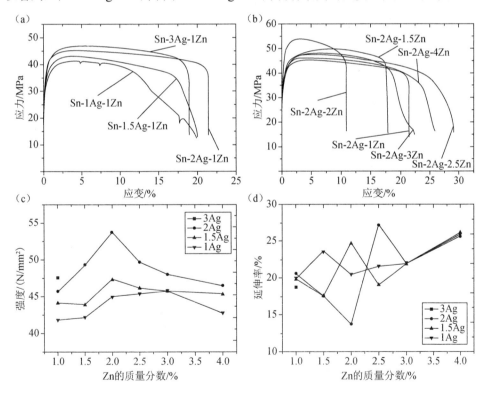

图 2.15　Sn-Ag-Zn 焊料的拉伸性能：（a）Sn-xAg-1Zn 焊料的应力-应变曲线；（b）Sn-2Ag-xZn 焊料的应力-应变曲线；（c）Sn-Ag-Zn 焊料的强度；（d）Sn-Ag-Zn 焊料的延伸率

从微观组织（图 2.10）中可以看到焊料主要由三元共晶组织组成，因此具有很高的强度。而 Ag 含量降低到 2%后，焊料中的先共晶β-Sn 增加，由于β-Sn 相具有良好的塑性，因此焊料的塑性上升，而强度下降。随着 Ag 含量的进一步降低，焊料的强度进一步下降，而焊料的塑性也略有下降，该现象可能是由于偏离共晶点较远后焊料中的β-Sn 相粗大化和枝晶偏析更为严重造成的。

2.4.2　Sn-2Ag-xZn 焊料的力学性能

图 2.15（b）为 Sn-2Ag-xZn 焊料的应力-应变曲线。对比图 2.15（c）和（d）可以看到，随着 Zn 含量的提升，焊料的强度开始上升，到 Sn-2Ag-2Zn 成分时达到最大值，同时塑性降到最小。从微观组织［图 2.12（a）和（b）］中可以看到，随着 Zn 含量的增加，焊料中的共晶组织增加而先共晶β-Sn 减少，当 Zn 含量达到 2%时，焊料的微观组织由树枝状组织转变为等轴状组织，此时焊料的强度最高，同时塑性最差。而当 Zn 含量达到 2.5%时，焊料的强度略有下降，但是塑性突然提高。观察微观组织［图 2.12（c）］可以看到，焊料的共晶族间出现了连续的β-Sn 相，β-Sn 有良好的塑性，可以有效消除共晶族之间的界面应力。此外，2.3.2 小节中提到 Sn-2Ag-2.5Zn 凝固过程中会发生包晶反应 L+γ-AgZn$\longrightarrow$β-Sn，这一反应使 Sn-2Ag-2.5Zn 焊料中的先共晶γ-AgZn 明显少于 Sn-2Ag-2Zn 焊料和 Sn-2Ag-3Zn 焊料。总之，由于塑性良好的β-Sn 从共晶族界面处析出和先共晶γ-AgZn 的减少，焊料的塑性得到大幅度的提升。在本次研究中 Sn-2Ag-2.5Zn 焊料的延展性与 SAC105 焊料相当，比 SAC305 焊料低 3.6%；而强度则分别高于 SAC105 焊料和 SAC305 焊料 29.9%和 63.3%。当 Zn 含量提高到 3%后，由于焊料中的共晶组织进一步减少，β-Sn 相的进一步增加，焊料的强度下降。另外，焊料的塑性也出现大幅下降。从微观组织［图 2.12（d）］中可以看到，由于焊料中的共晶组织由β-Sn+ζ-AgZn 共晶转变为β-Sn+ε-AgZn 共晶，共晶组织出现明显的粗化；此外 Zn 含量达到 3%后，焊料中的先共晶γ-AgZn 明显增多、生长粗化并向ε-AgZn 转变，这两个现象会造成焊料塑性的下降。而当 Zn 含量达到 4%后，焊料中的先共晶γ-AgZn+ε-AgZn 进一步增加，而共晶组织进一步减少，使焊料的强度进一步下降。而β-Sn 的增加使 Sn-2Ag-4Zn 焊料的塑性略有提高。

2.4.3　Sn-1Ag-xZn 和 Sn-1.5Ag-xZn 焊料的力学性能

由图 2.15（c）可以看出，降低 Ag 含量后，Sn-Ag-Zn 焊料的强度随 Zn 含量变化的规律和 Sn-2Ag-xZn 焊料的强度随 Zn 含量的变化规律相同。对于 Ag 含量为 1.5%的焊料，焊料强度在 Zn 含量为 2%时达到最大，继续添加 Zn 反而会造成强度的下降。而在 Ag 含量为 1%的焊料中，焊料强度随 Zn 含量的提高逐步提高，当 Zn 含量为 3%时达到最大。随后随着 Zn 含量的提高强度再次降低。

图 2.15（d）为 Sn-Ag-Zn 系焊料的延伸率测试结果，对比 Sn-Ag-Zn 系焊料延伸率的变化可以看到 Ag 含量对焊料塑性的影响。当焊料中的 Zn 含量为 1%、3% 和 4% 时，焊料中 Ag 含量的变化很少带来塑性的变化，特别是对于 Zn 含量为 3% 和 4% 的焊料，焊料中 Ag 含量从 1%、1.5% 变化到 2% 的过程中焊料的塑性基本保持不变。而焊料中的 Zn 含量在 1.5%～2.5% 范围内时，焊料的塑性随 Ag 含量的不同有很大的变化。从微观组织来看，这一区间正处于先共晶组织由β-Sn 转变为γ-AgZn，微观组织由树枝状变化成为等轴状共晶组织的过程。因此在这一范围内 Ag 含量的变化将造成微观组织的变化，导致塑性的差异。另外，从 Zn 含量对塑性的影响来看，不同 Ag 含量的焊料的塑性随着 Zn 含量的变化也有一定规律。总体来说，焊料的塑性随着 Zn 含量的降低呈先下降后上升的趋势，但是其中存在几个塑性突然提高的突变点，这几个点的成分是 Sn-2Ag-2.5Zn、Sn-1.5Ag-2Zn 和 Sn-1Ag-1.5Zn。2.5 节将对焊料的强化机理和塑性发生突变的原因进行进一步分析。

2.5 综 合 讨 论

从本章前面的讨论中可以看出，低 Ag 含量 Sn-Ag-Zn 系无铅焊料随成分变化，其熔融性能、微观组织和力学性能存在巨大差异，这些差异主要是因为焊料成分的不同造成凝固过程的差异，从而引起微观组织和力学性能的差异。因此本节将讨论低 Ag 含量 Sn-Ag-Zn 系无铅焊料的凝固过程、在凝固过程中先共晶组织的形貌变化，并总结低 Ag 含量 Sn-Ag-Zn 系无铅焊料的强化机理。

2.5.1 低 Ag 含量 Sn-Ag-Zn 系焊料的凝固过程

Sn-Ag-Zn 系焊料的凝固可能形成多种 Ag-Zn IMC，这里先对这几种 Ag-Zn IMC 及其生成条件进行介绍。从 Ag-Zn 二元相图 [图 2.16（a）][100] 中可以看到，Ag 和 Zn 会生成 4 种 IMC，分别是β-AgZn、ζ-AgZn、γ-AgZn 和ε-AgZn。其中β-AgZn 中 Ag 与 Zn 的比例接近 1∶1。β-AgZn 生成温度比较高，而在 250℃ 以下会转变为ζ-AgZn，同样ζ-AgZn 中 Ag 与 Zn 的比例也接近 1∶1。在三元 Sn-Ag-Zn 体系中，只有在 Ag 和 Zn 比例较高的情况下才会形成β-AgZn，通常低 Ag 含量 Sn-Ag-Zn 系焊料中生成的共晶组织为β-Sn+ζ-AgZn 共晶组织。如三元相图 [图 2.16（b）] 所示，发生β-Sn+ζ-AgZn 共晶温度区间为 217.7（U_7 点）～216.4℃（E_1 点），因此 β-Sn+ζ-AgZn 共晶不会造成熔程的扩大。

γ-AgZn 通常被称为 Ag_5Zn_8，这一 IMC 中 Ag 和 Zn 的比例比较稳定。从图 2.16

（b）中可以看到，γ-AgZn 占有很大一片区域，说明这个成分区域内的合金在凝固时将先形成 Ag_5Zn_8 先共晶相。Ag_5Zn_8 的析出将减少液相中 Ag 和 Zn 的含量，使液相成分进入三元相图中的 U_7U_8 线，并发生 β-Sn+Ag_5Zn_8 共晶。

U_7U_8 这段 β-Sn+Ag_5Zn_8 二元共晶线存在一个分水岭即 P_{10} 点，目前 P_{10} 点的温度还没有具体报道，U_7 点的温度为 217.7℃，而 U_8 点的温度为 209℃，从相图上看 P_{10} 点温度略高于 U_7 点温度。当熔体成分位于 P_{10} 左侧时，随着固相的析出，熔体成分将沿着 $P_{10}U_7$ 方向变化，之后将发生 β-Sn+ζ-AgZn 二元共晶，并于 E_1 点完成凝固；若熔体成分位于 P_{10} 右侧，随着固相析出，熔体成分将沿着 $P_{10}U_8$ 方向变化至 U_8 点，之后将发生 β-Sn+ε-AgZn 共晶。由此可见，若焊料凝固过程中液相中的成分位于 U_7U_8 线上、P_{10} 点右侧时，相比位于 P_{10} 点左侧的焊料，熔程将会扩大，造成熔融性能下降。从二元相图上来看，ε-AgZn 有很宽的成分范围，从 68%（原子分数）Zn 到 88%（原子分数）Zn。其熔点也因为成分的不同而有很大的变化。从三元相图来看，β-Sn+ε-AgZn 共晶反应的温度范围很大，从 209℃（U_8 点）到 193.7℃（E_2 点），这两个温度远低于 Sn-Ag 的共晶温度，因此若凝固过程中发生 β-Sn+ε-AgZn 共晶反应，可能使焊料的固相线温度下降，造成熔程进一步扩大。

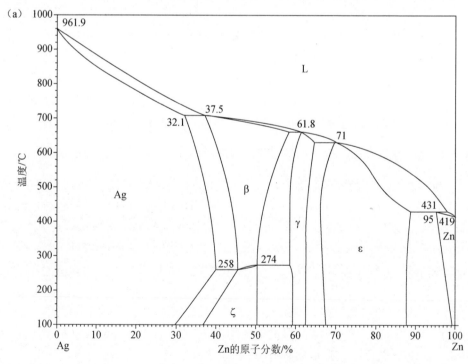

图 2.16　Sn-Ag-Zn 体系 Ag-Zn 二元相图（a）[100]和 Sn-Ag-Zn 三元液相线投影图（b）[56]

（b）

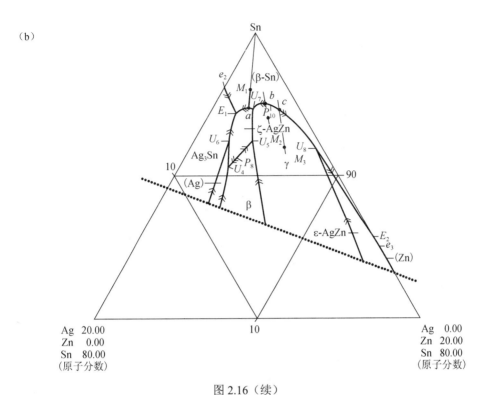

Ag 20.00
Zn   0.00
Sn 80.00
（原子分数）

Ag   0.00
Zn 20.00
Sn 80.00
（原子分数）

图 2.16（续）

在 2.1.3 小节中由三元相图推导得到 Sn-2Ag-1Zn 焊料的凝固过程为式（2.3）。结合 2.3.1 小节中的微观组织分析可知，Sn-2Ag-1Zn 焊料的凝固过程如图 2.17 所示，分为先共晶β-Sn 析出［图 2.17（a）］、β-Sn+ζ-AgZn 二元共晶［图 2.17（b）］和β-Sn+ζ-AgZn+Ag₃Sn 三元共晶［图 2.17（c）］3 个阶段，最后得到的微观组织如图 2.17（d）所示。其凝固过程与通过热力学推导的式（2.3）一致。

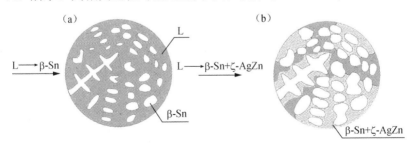

图 2.17 Sn-2Ag-1Zn 焊料的凝固过程：（a）先共晶β-Sn 析出；（b）β-Sn+ζ-AgZn 二元共晶；（c）β-Sn+ζ-AgZn+Ag₃Sn 三元共晶；（d）微观组织照片

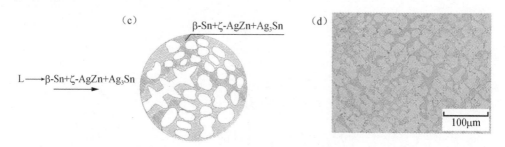

图 2.17（续）

同样通过相图分析可知，Sn-3Ag-1Zn 焊料的凝固过程与 Sn-2Ag-1Zn 焊料一致，同样可以用式（2.3）来描述。不同的是 Sn-3Ag-1Zn 焊料由于 Ag 含量的增加，焊料中的三元共晶组织增加，使焊料中的共晶组织趋于一致，而不像 Sn-2Ag-1Zn 焊料中三元共晶与二元共晶出现明显的微观组织差异。此外，通过相图分析会发现，Sn-1Ag-1Zn 焊料在凝固过程中可能发生β-Sn+ε-AgZn 共晶，实际上通过 XRD 分析（图 2.11）可知 Sn-1Ag-1Zn 焊料中没有ε-AgZn 相，其他组成物相与 Sn-2Ag-1Zn 焊料相同。由此可以认为，Sn-1Ag-1Zn 焊料的凝固过程也与 Sn-2Ag-1Zn 焊料相同，同样可以用式（2.3）表示，不同的是由于 Ag 含量的减少，共晶组织以β-Sn+ζ-AgZn 为主，共晶组织同样没有出现二元共晶和三元共晶的分化。

由微观组织和三元相图的分析可以得知，Sn-2Ag-1.5Zn 焊料的凝固过程与 Sn-2Ag-1Zn 焊料相同，可以用式（2.3）表示。但是由于 Sn-2Ag-1.5Zn 焊料中的 Zn 含量较多，在β-Sn+ζ-AgZn 二元共晶阶段将更多地消耗液相中的 Ag 元素。而到了最后的β-Sn+ζ-AgZn+Ag$_3$Sn 三元共晶阶段，由于共晶量的减少，共晶过程将发生共晶离异现象，Ag$_3$Sn 相单独形核生长，形成颗粒状 Ag$_3$Sn 相 [图 2.13（a）]。

从三元相图来看，若将 Zn 含量提升到 2%，Sn-2Ag-2Zn 合金的成分将位于图 2.16（b）的 M_2 点。此时先共晶相为γ-AgZn，即 Ag$_5$Zn$_8$ 相。随着 Ag$_5$Zn$_8$ 的析出，熔体中的 Ag 和 Zn 按 5∶8 的比例减少，合金成分沿着 M_2b 线段变化，与β-Sn+γ-AgZn 二元共晶线 $P_{10}U_7$ 交于 b 点。之后发生β-Sn+Ag$_5$Zn$_8$ 二元共晶，熔体成分沿着 $P_{10}U_7$ 变化。当液相成分到达 U_7 以后，二元共晶反应变为β-Sn+ζ-AgZn 共晶，熔体成分沿着 U_7E_1 线变化，最终达到三元共晶成分 E_1。此时发生三元共晶反应，生成β-Sn+ζ-AgZn+Ag$_3$Sn 三元共晶组织。完整的凝固反应为

$$L \longrightarrow L+\gamma\text{-AgZn} \longrightarrow L+\gamma\text{-AgZn}+(\beta\text{-Sn}+\gamma\text{-AgZn}) \longrightarrow$$
$$L+\gamma\text{-AgZn}+(\beta\text{-Sn}+\gamma\text{-AgZn})+(\beta\text{-Sn}+\zeta\text{-AgZn}) \longrightarrow$$
$$\gamma\text{-AgZn}+(\beta\text{-Sn}+\gamma\text{-AgZn})+(\beta\text{-Sn}+\zeta\text{-AgZn})+(\beta\text{-Sn}+\zeta\text{-AgZn}+Ag_3Sn) \quad (2.4)$$

如图 2.18 所示，实际凝固过程与式（2.4）略有差异。在凝固的第二步 L $\longrightarrow$

β-Sn+γ-AgZn，由于共晶量比较少，两相没有生成条纹状共晶组织，而是形成β-Sn包裹γ-AgZn 生长的现象。另外与理论分析不同的是，虽然三元相图分析Sn-2Ag-2Zn 焊料可能会发生β-Sn+ζ-AgZn+Ag$_3$Sn 三元共晶，但是 DSC 分析中（图2.8）没有发现三元共晶组织吸热峰，同时图2.11的 XRD 分析中没有发现 Ag$_3$Sn相，微观组织中也没有明显的三元共晶组织，因此可以认为 Sn-2Ag-2Zn 焊料中没有发生β-Sn+ζ-AgZn+Ag$_3$Sn 三元共晶反应。这一现象可能是由于在β-Sn+ζ-AgZn二元共晶阶段刚好将 Ag 元素耗尽，从而难以生成 Ag$_3$Sn 相。综上所述，Sn-2Ag-2Zn焊料的凝固分为 3 个阶段：先共晶γ-AgZn 析出 [图 2.18（a）]、γ-AgZn +β-Sn 二元共晶 [图 2.18（b）] 和β-Sn+ζ-AgZn 二元共晶 [图 2.18（c）]，最后得到的微观组织如图 2.18（d）所示。其凝固过程如式（2.5）所示：

$$L \longrightarrow L+\gamma\text{-AgZn} \longrightarrow L+\gamma\text{-AgZn}+\beta\text{-Sn} \longrightarrow$$
$$\gamma\text{-AgZn}+\beta\text{-Sn}+(\beta\text{-Sn}+\zeta\text{-AgZn}) \tag{2.5}$$

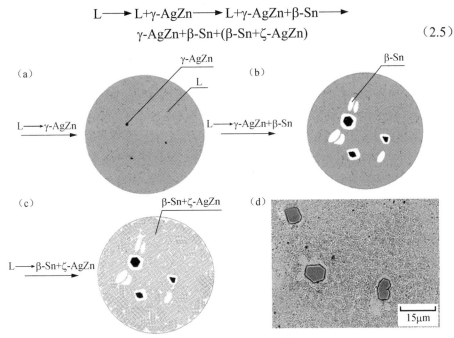

图 2.18 Sn-2Ag-2Zn 焊料的凝固过程：（a）先共晶γ-AgZn 析出；（b）γ-AgZn +β-Sn 二元共晶；（c）β-Sn+ζ-AgZn 二元共晶；（d）微观组织照片

若进一步增加 Zn 含量至 3%，Sn-2Ag-3Zn 合金成分位于图 2.16（b）的 M_3点。与 Sn-2Ag-2Zn 合金相同，先共晶相为γ-AgZn。但是随着γ-AgZn 析出，熔体成分沿着 M_3c 线段变化，与 $P_{10}U_8$ 线交于 c 点。c 点位于 P_{10} 点的右侧，因此熔体中的成分将沿着 $P_{10}U_8$ 方向变化。当熔体成分达到 U_8 以后，将发生β-Sn+ε-AgZn二元共晶反应，使得熔体成分沿着 U_8E_2 线变化。最终在 E_2 点发生 Sn-Zn-Ag 三元

共晶反应完成凝固。总的反应方程为

$$L \longrightarrow L+\gamma\text{-}AgZn \longrightarrow L+\gamma\text{-}AgZn+(\beta\text{-}Sn+\gamma\text{-}AgZn) \longrightarrow$$
$$L+\gamma\text{-}AgZn+(\beta\text{-}Sn+\gamma\text{-}AgZn)+(\beta\text{-}Sn+\varepsilon\text{-}AgZn) \longrightarrow$$
$$\gamma\text{-}AgZn+(\beta\text{-}Sn+\gamma\text{-}AgZn)+(\beta\text{-}Sn+\varepsilon\text{-}AgZn)+(\beta\text{-}Sn+\varepsilon\text{-}AgZn+Zn) \quad (2.6)$$

通过三元相图分析可知，Sn-2Ag-4Zn 焊料的凝固过程也可以用式（2.6）表示。Sn-Ag-Zn 三元体系有两个共晶点，即 Sn-Ag-Zn 三元共晶点 E_1 和 Sn-Zn-Ag 三元共晶点 E_2。E_2 点的共晶温度为 198℃，远远低于 E_1 点。与 Sn-Ag-Bi 体系类似，若在 E_2 点完成凝固，固相线温度将会大大降低，造成熔程的增加。实际凝固过程中，Sn-2Ag-3Zn 焊料与 Sn-2Ag-2Zn 焊料相同，γ-AgZn+β-Sn 二元共晶反应没有形成明显的共晶组织。先共晶组织经过包共晶反应生成γ-AgZn+ε-AgZn 混合物相。另外，理论分析中 Zn 含量大于 3%时共晶组织会由γ-AgZn+β-Sn 共晶转变为ε-AgZn+β-Sn 共晶并出现固相线下降、熔程扩大的现象。而实验中 Sn-2Ag-3Zn 焊料的共晶组织由β-Sn+ζ-AgZn 转变为β-Sn+ε-AgZn，但是没有发生明显的固相线温度下降现象；固相线温度下降发生在 Zn 含量达到 4%时，但是 DSC 分析结果和微观组织观察都没有发现理论分析中提到的β-Sn+ε-AgZn+Zn 三元共晶反应；而继续降低焊料中的 Ag、Zn 比例至 Sn-1.5Ag-4Zn 时，DSC 分析中才出现β-Sn+ε-AgZn+Zn 组织熔化吸热峰，同时微观组织观察中出现 β-Sn+ε-AgZn+Zn 三元共晶组织。实验结果和理论分析出现差异的原因是理论分析的 Scheil-Gulliver 模型不考虑溶质在固相中的固溶和扩散，若考虑 Zn 在β-Sn 中的固溶，实际上熔体中的 Zn 含量要比理论分析中更低。因此，Sn-2Ag-3Zn 焊料和 Sn-2Ag-4Zn 焊料的凝固过程如下：先共晶γ-AgZn 析出［图 2.19（a）］、γ-AgZn+β-Sn 二元共晶［图 2.19（b）］、L+γ-AgZn $\longrightarrow \varepsilon$-AgZn+$\beta$-Sn 包共晶［图 2.19（c）］和 β-Sn+ε-AgZn 二元共晶［图 2.19（d）］，最后得到的微观组织如图 2.19（e）所示，其凝固过程可用式（2.7）表示：

$$L \longrightarrow L+\gamma\text{-}AgZn \longrightarrow L+\gamma\text{-}AgZn+\beta\text{-}Sn \longrightarrow L+(\gamma\text{-}AgZn+\varepsilon\text{-}AgZn)+\beta\text{-}Sn \longrightarrow$$
$$(\gamma\text{-}AgZn+\varepsilon\text{-}AgZn)+\beta\text{-}Sn+(\beta\text{-}Sn+\varepsilon\text{-}AgZn) \quad (2.7)$$

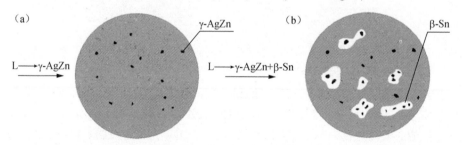

图 2.19　Sn-2Ag-4Zn 焊料的凝固过程：（a）先共晶γ-AgZn 析出；（b）γ-AgZn +β-Sn 二元共晶；（c）L+γ-AgZn $\longrightarrow \beta$-Sn+ε-AgZn 包共晶；（d）β-Sn+ε-AgZn 二元共晶；（e）微观组织照片

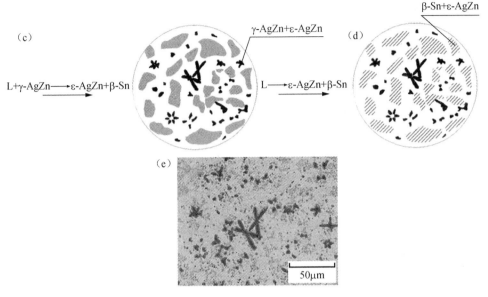

（c）　　　　　　　　　γ-AgZn+ε-AgZn　　　（d）　　β-Sn+ε-AgZn

L+γ-AgZn⟶ε-AgZn+β-Sn　　　L⟶ε-AgZn+β-Sn

（e）

50μm

图 2.19（续）

　　而 Sn-2Ag-2.5Zn 焊料的凝固过程比较特殊，该成分在凝固过程中熔体成分将经过三元相图中的 P_{10} 点，发生包晶反应 L+γ-AgZn⟶β-Sn[56]，使先共晶γ-AgZn消失。根据 Scheil-Gulliver 模型分析，若熔体成分在 P_{10} 点左边，凝固过程将形成β-Sn+γ-AgZn 二元共晶；若熔体成分在 P_{10} 点右边，凝固过程将形成β-Sn+ε-AgZn二元共晶；若熔体成分正好位于 P_{10} 点，就很难通过 Scheil-Gulliver 模型判断凝固过程。由焊料的微观结构可以看出，Sn-2Ag-2.5Zn 焊料在完成包晶反应L+γ-AgZn⟶β-Sn 后形成的是β-Sn+γ-AgZn 二元共晶，之后会形成β-Sn+ε-AgZn二元共晶。将 Sn-2Ag-1.5Zn、Sn-2Ag-2Zn 和 Sn-2Ag-2.5Zn 焊料的最后凝固过程作对比可以发现：虽然 Sn-2Ag-1.5Zn、Sn-2Ag-2Zn 和 Sn-2Ag-2.5Zn 三种焊料的主要共晶组织都是β-Sn+ζ-AgZn 二元共晶组织，但是在凝固最后阶段由于液相熔体中成分不同，生成组织也有所不同。对于 Sn-2Ag-1.5Zn 焊料，在β-Sn+ζ-AgZn 二元共晶阶段，Ag 和 Zn 按接近 1∶1 的比例析出。虽然按原子分数计算 Sn-2Ag-1.5Zn焊料中的 Zn 原子要多于 Ag 原子，但是由于 Zn 在高温下于β-Sn 中有一定的固溶度，而 Ag 基本没有固溶度，因此实际熔体中 Ag 原子要多于 Zn 原子。因此随着ζ-AgZn 相的析出，熔体内的 Ag 含量逐步提高，在凝固的最后阶段达到三元共晶比例并发生β-Sn+ζ-AgZn+Ag₃Sn 三元共晶，生成 Ag₃Sn 相；而对于 Sn-2Ag-2Zn焊料，由于 Zn 含量的提高，先共晶γ-AgZn 析出后熔体内的 Ag、Zn 比例正好等于ζ-AgZn 中 Ag、Zn 的比例。因此随着ζ-AgZn 的析出，熔体内 Ag、Zn 原子比例变化不大，直至凝固结束；而对于 Sn-2Ag-2.5Zn 焊料，由于 Zn 含量的进一步提高，熔体内的 Zn 含量高于ζ-AgZn 中 Ag、Zn 的比例范围，随着ζ-AgZn 的析出，熔体内的 Zn 含量逐渐升高，在凝固的最后阶段发生β-Sn+ε-AgZn 共晶，生成 Zn含量较高的ε-AgZn 相。同样由于共晶量较少，发生共晶离异现象，从而在等轴状β-Sn+ζ-AgZn 共晶族之间形成连续的β-Sn 相和颗粒状的ε-AgZn 相。因此，Sn-2Ag-2.5Zn 焊料的凝固过程如下：先共晶γ-AgZn 析出［图 2.20（a）］、L+γ-AgZn —→ β-Sn 包晶反应［图 2.20（b）］、β-Sn+ζ-AgZn 共晶反应［图 2.20（c）］和β-Sn+ε-AgZn 共晶反应［图 2.20（d）］，最后得到的微观组织如图 2.20（e）所示。其凝固过程可以由式（2.8）表示：

$$L \longrightarrow L+ \gamma\text{-AgZn} \longrightarrow L+\beta\text{-Sn} \longrightarrow L+\beta\text{-Sn}+(\beta\text{-Sn}+\zeta\text{-AgZn}) \longrightarrow$$
$$\beta\text{-Sn}+(\beta\text{-Sn}+\zeta\text{-AgZn})+(\beta\text{-Sn}+\varepsilon\text{-AgZn}) \tag{2.8}$$

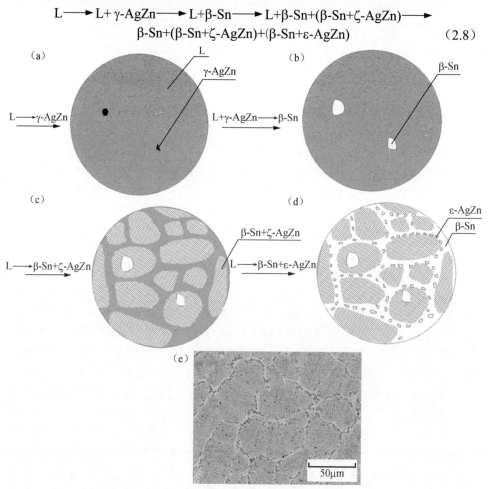

图 2.20　Sn-2Ag-2.5Zn 焊料的凝固过程：（a）先共晶γ-AgZn 析出；（b）L+γ-AgZn —→ β-Sn包晶反应；（c）ζ-AgZn +β-Sn 二元共晶；（d）β-Sn+ε-AgZn 二元共晶；（e）微观组织照片

2.5.2　先共晶 IMC 形貌的变化

在 Sn-Ag-Zn 系焊料中，随着 Zn 含量的增加，焊料中会出现先共晶 IMC，通常出现的是γ-AgZn 相。若 Zn 含量进一步增加，焊料在凝固过程中会发生 L+γ-AgZn ⟶ β-Sn+ε-AgZn 包共晶反应，使γ-AgZn 逐步转变为ε-AgZn。而此时先共晶相的结晶形貌也开始发生变化。图 2.21 为 Sn-Ag-Zn 焊料中先共晶 AgZn 相的微观形貌。从图 2.21（a）中可以看到，Sn-2Ag-2Zn 焊料中γ-AgZn 先共晶相的微观形貌为六边形形貌。结合图 2.12（b）和图 2.13（b）中的 IMC 形貌可以判定，此时 IMC 晶体的空间形貌为六棱柱形貌，由于金相制备中从不同方向切过六棱柱而使平面观察到的 IMC 形貌存在差异。而当 Zn 含量提高到 3%时，先共晶相开始由六棱柱转变为六角星，进而沿着对称六个方向树枝状生长。这个变化规律和晶体形貌与雪花相似[101]，由此可以推测当γ-AgZn 转变为ε-AgZn 后，其空间微观形貌为雪花状枝晶。通过前面的分析可以看到，引起先共晶 IMC 形貌变化的原因有两个：IMC 物相和熔程。在 Sn-2Ag-2Zn 焊料中先共晶 IMC 为γ-AgZn，此时 IMC 呈六棱柱状生长；而 Sn-2Ag-3Zn 焊料中先共晶 IMC 开始转变为ε-AgZn 时，IMC 开始呈六角星状生长。而 Sn-2Ag-3Zn 焊料中虽然先共晶 IMC 开始发生形貌变化，但是由于熔程较小，凝固过程很快进入共晶阶段，先共晶相周围析出共晶组织使先共晶相生长受到阻碍，因此焊料中难以看到明显的枝晶［图 2-21（b）］；而 Sn-2Ag-4Zn 焊料由于熔程增大，先共晶 IMC 在生长过程中周围有足够的液相生长空间，使 Sn-2Ag-4Zn 焊料中容易形成雪花状先共晶 IMC 枝晶［图 2.21（c）］。而对于 Ag 含量更低的焊料，从图 2.9 中可以看到，Sn-1Ag-4Zn 焊料的熔程相比 Sn-2Ag-4Zn 焊料更大，因此先共晶 IMC 生长过程中有更多的液相空间，从而在凝固过程中先共晶 IMC 更容易生长成为粗大的雪花状枝晶［图 2.21（d）］。

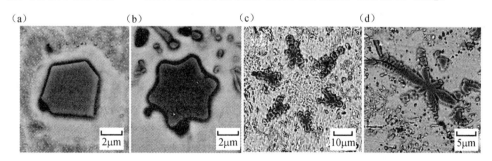

（a）　　　　　　　　（b）　　　　　　　　（c）　　　　　　　　（d）

图 2.21　Sn-Ag-Zn 焊料中先共晶 AgZn 相的微观形貌：（a）Sn-2Ag-2Zn；（b）Sn-2Ag-3Zn；（c）Sn-2Ag-4Zn；（d）Sn-1Ag-4Zn

2.5.3 低 Ag 含量 Sn-Ag-Zn 系焊料的强化机理

在图 2.15（c）中可以看到，Sn-Ag-Zn 系焊料的强度随着 Zn 含量的变化呈先上升后下降的趋势。对于不同 Ag 含量的焊料，会出现几个最高强度的成分配比，分别是 Sn-2Ag-2Zn、Sn-1.5Ag-2Zn 和 Sn-1Ag-3Zn 3 种焊料。从三元相图（图 2.22）可以看出这 3 个成分均是不同 Ag 含量焊料中，Zn 含量超过 U_7U_8 线的第一个成分点。从 2.3 节的微观组织分析中发现，当焊料成分位于三元相图中 U_7U_8 线下方时，焊料的微观组织将由树枝状转变为等轴状共晶组织，如 Sn-2Ag-2Zn 焊料，此时焊料具有最高的强度。随后 Zn 含量的进一步提高会使共晶族间出现β-Sn 界面，如 Sn-2Ag-2.5Zn 焊料，这一现象将使强度降低。因此可以得出结论：在低 Ag 含量 Sn-Ag-Zn 系焊料中，Zn 含量略高于三元相图中 U_7U_8 线时，焊料的微观组织将由树枝状组织转变为等轴状共晶组织，此时可得到最高的焊料强度。

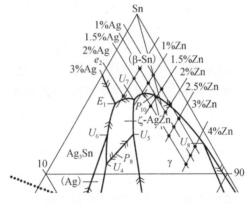

图 2.22　Sn-Ag-Zn 三元液相线投影图[56]

在对 Sn-2Ag-2.5Zn 焊料的微观组织的分析中提到：焊料在凝固过程中，随先共晶相析出，液相中的 Ag、Zn 含量按照 5：8 的比例减少。如图 2.22 所示，液相中的成分沿灰线方向变化，之后达到 U_7U_8 线上的 P_{10} 点，此时将发生包晶反应使先共晶相溶解；随后凝固过程中发生β-Sn 界面包裹共晶族的现象，这两个现象使焊料具有相对较高的塑性。而在其他 Ag 含量的焊料中，Sn-1.5Ag-2Zn 焊料的成分正好位于 P_{10} 点附近，其微观组织与 Sn-2Ag-2.5Zn 焊料相近，其塑性在 Sn-1.5Ag-xZn 焊料中最好；通过 Scheil 凝固模型推断，Sn-1Ag-1.5Zn 焊料凝固过程中，成分变化将与 U_7U_8 线交于 P_{10} 点右侧，但是在实际凝固过程中，由于有一定量的 Zn 会固溶在β-Sn 中，熔体成分变化可能与 U_7U_8 线交于 P_{10} 点附近，因此该成分焊料在 Sn-1Ag-xZn 焊料中具有最好的塑性。由此可以得出结论：在低 Ag 含量 Sn-Ag-Zn 凝固过程中，熔体中成分变化与 U_7U_8 线交于 P_{10} 点附近的焊料具有相对较好的塑性。总体来说，在 Sn-2Ag-xZn 焊料中，虽然 Sn-2Ag-2Zn 焊料具有最高的强度，但是由于其塑性太低，同时 DSC 测试结果中 Sn-2Ag-2.5Zn 焊料的熔融性能要优于 Sn-2Ag-2Zn 焊料，因此 Sn-2Ag-2Zn 焊料综合性能不如 Sn-2Ag-2.5Zn 焊料；对于 Sn-1.5Ag-xZn 焊料，Sn-1.5Ag-2Zn 焊料同时具有最好的塑性、强度和熔融性能；对于 Sn-1Ag-xZn 焊料，Sn-1Ag-1.5Zn 焊料具有最好的塑性，Sn-1Ag-2Zn 焊料具有最好的熔融性能，而 Sn-1Ag-3Zn 焊料具有最好的强度。因此 Sn-1Ag-xZn 焊料中很难找到综合性能良好的成分配比。

2.6　本 章 小 结

本章讨论了 Sn-Ag-Zn 系焊料的熔融性能、微观组织和力学性能，得出的结论如下。

1）通过 DSC 分析可知，在低 Ag 含量 Sn-Ag-Zn 系焊料中提高 Zn 含量可以有效抑制先共晶β-Sn 相的形成，降低液相线温度，提高焊料熔融性能。虽然 Cu$_5$Zn$_8$ 的形成可能使液相线温度略有提高，但影响不大。但是过多添加 Zn 会引起固相线大幅度下降，造成熔融性能下降。当焊料中 Ag 含量为 2%时，Zn 含量不宜超过 3%；当焊料中 Ag 含量为 1.5%或更低时，Zn 含量不宜超过 2%。相比而言，Sn-2Ag-2.5Zn、Sn-1.5Ag-2Zn 和 Sn-1Ag-2Zn 焊料有较好的熔融性能，这 3 种焊料的熔融性能不仅优于低 Ag 含量 SAC105 焊料，同时也优于共晶 SAC305 焊料。

2）对于 Sn-xAg-1Zn 焊料，减少 Ag 含量将导致焊料中β-Sn 相增加，焊料的微观组织呈树枝状结构，焊料的强度下降。相对其他 Sn-xAg-1Zn 焊料，Sn-2Ag-1Zn 焊料的塑性略高，但是总体来说 Sn-xAg-1Zn 焊料的塑性变化不大。

3）在低 Ag 含量 Sn-Ag-Zn 焊料中，随着 Zn 含量的增加，当成分超过三元相图中 U_7U_8 线时，焊料的微观组织由树枝状组织转变为等轴共晶组织，此时焊料具有最高的强度。本次研究中 Sn-2Ag-2Zn、Sn-1.5Ag-2Zn、Sn-1Ag-3Zn 焊料具有上述性质，因此强度较高。

4）在低 Ag 含量 Sn-Ag-Zn 凝固过程中，当熔体中成分变化与 U_7U_8 线交于 P_{10} 点附近时，焊料会发生包晶反应 L+γ-AgZn⟶β-Sn，使焊料中的先共晶 IMC 减少。同时在后续的凝固过程中会在共晶族间形成连续的β-Sn 界面，此时焊料的塑性最好。本章研究中 Sn-2Ag-2.5Zn 焊料、Sn-1.5Ag-2Zn 焊料和 Sn-1Ag-1.5Zn 具有上述性质，因此有较好的塑性。

5）Sn-2Ag-2.5Zn、Sn-1.5Ag-2Zn 焊料具有良好的综合性能，可以弥补由 Ag 含量降低带来的熔融性能下降和强度降低，同时具有良好的塑性。而 Sn-1Ag-xZn 焊料很难找到综合性能良好的配比。

第 3 章

低 Ag 含量 Sn-Ag-Zn/Cu 焊点的研究

在微电子制造过程中，焊料的作用在于实现基板与器件之间的可靠连接，因此焊料的实用性需要通过焊点的性能得以体现。而焊点的力学性能取决于以下 3 个方面：①焊料与焊盘的润湿性能；②焊点界面的可靠性；③焊料基体的力学性能。在焊接过程中，焊点界面会以 3 种形式生长：①基板材料扩散形成界面 IMC 层，并向焊料内部生长，如 SAC105/Cu 焊点中 Cu_6Sn_5 于焊点界面处生长[47]；②焊料扩散进入基板，发生焊料侵蚀，并于基板内形成界面 IMC 层，如 Sn-9Zn/Cu 焊点中热老化条件下焊料侵蚀基板[28]；③焊料内的 IMC 相于焊点界面处形核生长，如 SAC305/Cu 焊点中 Ag_3Sn 于 Cu_6Sn_5 界面生长[47]。而焊点界面的形貌与 IMC 相的组成将会对焊点性能产生极大的影响。

第 2 章介绍了 Sn-2Ag-2.5Zn、Sn-1.5Ag-2Zn 焊料有良好的熔融性能、强度和塑性，可以有效弥补 Ag 含量降低带来的熔融性能下降和强度的降低。本章将对 Sn-Ag-Zn/Cu 焊点进行研究，包括 Sn-Ag-Zn/Cu 焊点的微观组织、界面形成机理和力学性能，以确定 Sn-Ag-Zn 焊料在实际使用中的可靠性。Sn-Ag-Zn 焊料对 Cu 焊盘的润湿性能测试在无氧纯铜焊盘上进行。但由于纯 Cu 焊盘强度较低，在力学性能测试中容易发生变形，测试结果无法很好地反映焊点界面的力学性能，因此本章使用高强度的 C194 铜合金焊盘（Cu-2.35Fe-0.03P-0.1Zn）作为焊盘材料。同时为了对比微观组织对力学性能的影响，微观组织分析中所使用的也是 C194 铜合金焊盘。C194 铜合金常被用于引线框架材料，所以其焊接可靠性的研究同样对微电子行业有重要意义。但需要注意，本章所讨论的微观组织和力学性能可能会受到 C194 铜合金中掺杂元素的影响。

3.1   Sn-Ag-Zn 系焊料对 Cu 焊盘的润湿性能

由于焊料在焊接过程中首先需要对焊接金属进行润湿才能形成有效连接，因此本章将先讨论 Sn-Ag-Zn 系焊料对 Cu 焊盘的润湿性能。润湿性能通过铺展实验进行测定，实验参照国家标准 GB/T 11364—2008《钎料润湿性试验方法》进行。

图 3.1 为 Sn-Ag-Zn 系焊料润湿性能的测试结果。图中 4 条平行线代表 4 种常

用焊料的润湿性能，由上到下分别是 SAC305、SAC105、Sn-8Zn-3Bi 和 Sn-9Zn。
由测试结果可以看出，虽然 Sn-3Ag-1Zn 焊料的润湿性能仅略低于 SAC305，但是
随着 Ag 含量的降低，Sn-Ag-Cu 系焊料的润湿性能仅略微下降，而 Sn-Ag-Zn 系
焊料的润湿性能则出现大幅度下降。Sn-2Ag-1Zn 焊料的润湿性能仅略高于
Sn-8Zn-3Bi 焊料，而 Sn-1Ag-1Zn 焊料的润湿性能低于 Sn-9Zn 焊料。另处，焊料
的润湿性能同样随着 Zn 含量的提升单调下降。对于 Sn-2Ag-xZn 焊料，当 Zn 含
量超过 2%时，润湿性能开始低于 Sn-9Zn 焊料。

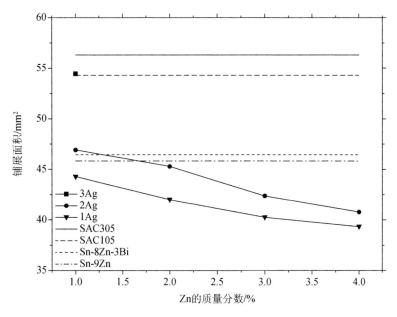

图 3.1　Sn-Ag-Zn 焊料的润湿性能

　　图 3.2 为焊料的 TGA 测试结果。从图 3.2（a）中可以看出，对于 Sn-Ag-Cu
系焊料，Ag 含量的降低并不会改变焊料的氧化性能；相反，从图 3.2（b）中可以
看到，对于 Sn-Ag-Zn 系焊料，Ag 含量的降低将使焊料的抗氧化性能大幅降低。
而如图 3.2（c）所示，Zn 含量的增加使焊料的抗氧化能力单调下降。由此可见，
由 Ag 含量的降低和 Zn 含量的升高造成的焊料抗氧化性能的下降是 Sn-Ag-Zn 系
焊料润湿性能变差的原因。但从氧化增重来看，Sn-1Ag-1Zn 焊料的氧化增重要大
于 Sn-2Ag-4Zn 焊料，但在润湿性能测试中 Sn-1Ag-1Zn 焊料的润湿性能要优于
Sn-2Ag-4Zn 焊料，由此可见氧化现象并不是影响焊料润湿性能的唯一原因。
　　图 3.3 为焊点界面断口形貌。对比可以看出，对于润湿性能好的 Sn-Ag-Cu 系

焊料，焊点界面处很少出现焊接缺陷；而润湿性能比较差的 Sn-Ag-Zn 系焊料容易在焊点界面形成孔洞，这一现象会引起焊点强度的下降。为了提高润湿性能和避免焊接缺陷，将在第 5 章讨论添加第四组元提高焊料润湿性能的可能性。

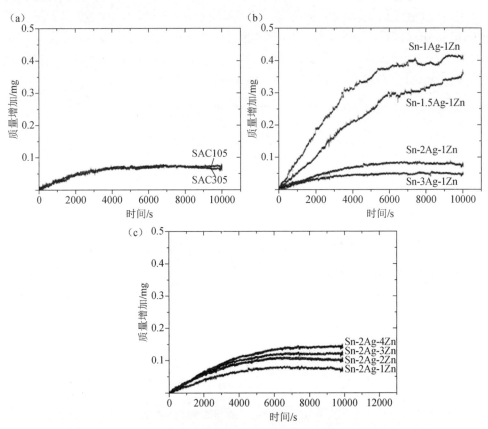

图 3.2　焊料的 TGA 测试结果：（a）Sn-Ag-Cu 焊料；
（b）Sn-xAg-1Zn 焊料；（c）Sn-2Ag-xZn 焊料

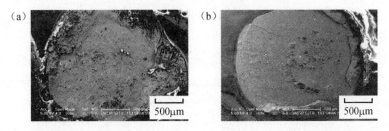

图 3.3　焊点界面断口形貌：（a）SAC105/Cu 焊点；（b）Sn-1Ag-1Zn/Cu 焊点

3.2 Sn-Ag-Zn/Cu 焊点的微观组织

第 2 章中讨论了由 Sn-Ag-Zn 系无铅焊料中的成分差异造成的 Sn-Ag-Zn 系无铅焊料微观组织的差异，这些差异主要来自于不同的凝固过程和金属间反应。当 Sn-Ag-Zn 系焊料焊接于 Cu 焊盘形成 Sn-Ag-Zn/Cu 焊点后，焊点界面的微观组织也存在较大的差异。该现象是由于 Sn-Ag-Zn 系焊料成分的差异引起焊点界面产生不同的金属间反应，特别是 Zn 含量的微小变化就可能引起界面 IMC 的变化，下面将对这些现象进行详细讨论。

3.2.1 回流焊接后 Sn-Ag-Zn/Cu 焊点的微观组织

为了研究 Sn-Ag-Zn/Cu 焊点与 Sn-Ag-Cu/Cu 焊点界面反应的差异，下面使用 SAC105/Cu 焊点进行对比研究。图 3.4（a）为 SAC105/Cu 焊点的微观组织，焊点界面由颗粒状 Cu_6Sn_5 组成。从图 3.4（b）、（c）和（e）中可以看到，Sn-xAg-1Zn/Cu 焊点的界面由更加细小的颗粒状 IMC 组成，这一现象可能是由于 Zn 元素的加入抑制了界面 Cu_6Sn_5 的生长[60]。根据文献报道，回流焊接后的 Sn-3Ag-1Zn/Cu 界面由 Cu_6Sn_5 和 Cu_5Zn_8 组成，而 Cu_6Sn_5 和 Cu_5Zn_8 明显分为两层，Cu_6Sn_5 位于基板一侧，而 Cu_5Zn_8 位于焊料一侧[58]。但是通过图 3.4 中（d）和（f）可以看到，在本次研究中界面层有 Zn 元素聚集，并且均匀分布于界面，由此判断界面层由细小的 Cu-Sn 和 Cu-Zn IMC 混合组成。本次研究中并未出现文献中报道的界面分层现象[58]，这一差异可能是由于焊接过程中冷却条件不同。图 3.5 为 Sn-1Ag-1Zn/Cu 焊点界面的透射电子显微镜（transmission electron microscope，TEM）分析结果。通过 TEM 分析可以看出，图中 A 点和 B 点处的 IMC 为 Cu_6Sn_5 [图 3.5（b）和（c）]，而 C 点处的 IMC 为 Cu_5Zn_8 [图 3.5（d）]。其中颗粒状 IMC A 和 C 于 Cu 基板上形核生长，而 Cu_6Sn_5 相 B 可以在 Cu_5Zn_8 相 C 上形核生长。由此可以推论，界面层是由细小的 Cu_6Sn_5 和 Cu_5Zn_8 相混合组成的。

从图 3.6（a）～（c）中可以看到，当 Zn 含量提高至 2%以上时，界面层上形成了一些颗粒状 IMC。通过对图 3.6（b）中点 1 和 A 点到 B 点的 EDX 分析（表 3.1）可以看出，这些 IMC 相为 Ag_5Zn_8。2.3 节中提到这些 Zn 含量大于 2%的焊料先共晶相为 Ag_5Zn_8，先共晶相容易形成于凝固较快的区域，即焊点界面。此外，Ag_5Zn_8 与 Cu_5Zn_8 具有同样的晶体结构[102]，因此 Ag_5Zn_8 很容易在界面 Cu_5Zn_8 上形核生长。此外，EDX 分析结果发现 Ag_5Zn_8 相中有一定比例的 Cu 元素，由于 Ag_5Zn_8 与 Cu_5Zn_8 相可以完全互溶[102]，所以 Ag_5Zn_8 相中的部分 Ag 元素会被 Cu 元素替换掉。对比图 3.6（a）和图 3.4（c）可以看到，相比 Sn-2Ag-1Zn/Cu 焊点，Sn-2Ag-2Zn/Cu 焊点的界面 IMC 层明显变薄。从图 3.6（d）中可以看到 Sn 元素

聚集于 Ag_5Zn_8 相的下方，由此可以判断此时的焊点与 Sn-xAg-1Zn/Cu 焊点相似，Sn-2Ag-2.5Zn 焊料的界面层也是由 Cu_6Sn_5 和 Cu_5Zn_8 混合组成的。

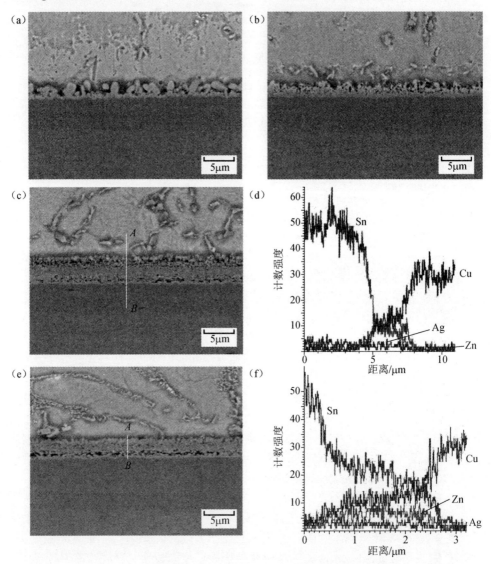

图 3.4 回流焊接后的 Sn-Ag-Cu/Cu 和 Sn-Ag-Zn/Cu 焊点断面形貌：（a）SAC105/Cu；（b）Sn-1Ag-1Zn/Cu；（c）Sn-2Ag-1Zn/Cu；（d）图 3.4（c）中 A 到 B 的 EDX 分析结果；（e）Sn-3Ag-1Zn/Cu；（f）图 3.4（e）中 A 到 B 的 EDX 分析结果

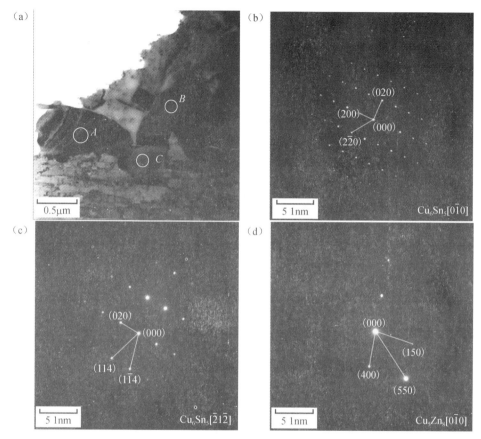

图 3.5　Sn-1Ag-1Zn/Cu 界面的 TEM 分析结果：（a）界面 TEM 照片；（b）图 3.5（a）中 A 区域的电子 EDX 分析；（c）图 3.5（a）中 B 区域的 EDX 分析；（d）图 3.5（a）中 C 区域的 EDX 分析

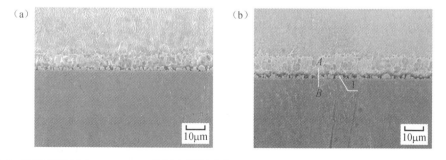

图 3.6　回流焊接后 Sn-Ag-Zn/Cu 的焊点断面形貌：（a）Sn-2Ag-2Zn/Cu；（b）Sn-2Ag-2.5Zn/Cu；（c）Sn-2Ag-3Zn/Cu；（d）图 3.6（b）中 A 到 B 的 EDX 分析结果

(c)

(d)
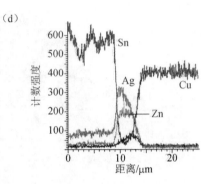

图 3.6（续）

表 3.1　图 3.6 中的 EDX 分析结果

编号	原子分数/%				物相鉴定
	Sn	Ag	Cu	Zn	
1	0	32.53	9.31	58.17	Ag_5Zn_8

3.2.2　150℃下 200h 老化后 Sn-Ag-Zn/Cu 焊点的微观组织

150℃下 200h 老化后，SAC105/Cu 焊点界面形成了一层连续的 Cu_6Sn_5 IMC 界面［图 3.7（a）］。而从图 3.7（b）~（d）中可以看到，Sn-Ag-Zn/Cu 焊点在老化过程中发生了严重的焊料侵蚀基板的现象。从图 3.7（d）和（e）中可以看到，Sn 侵蚀到 Cu 基板的深处，由于 Sn 容易在金相腐蚀过程中腐蚀掉，因此从界面上看到凹坑和细小的 IMC 相分布于 Sn 当中。此外，从图 3.7（e）中可以看到

(a)
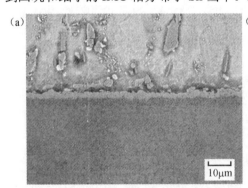
(b)
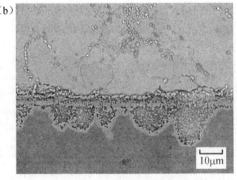

图 3.7　150℃下 200h 老化后的焊点断面形貌：（a）SAC105/Cu；（b）Sn-1Ag-1Zn/Cu；（c）Sn-3Ag-1Zn/Cu；（d）Sn-2Ag-1Zn/Cu；（e）图 3.7（d）中 *A* 到 *B* 的 EDX 分析结果

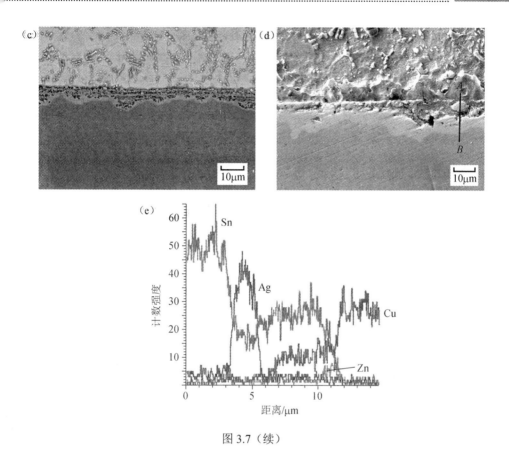

图 3.7（续）

有 Ag$_3$Sn 在界面处形成，这些 Ag$_3$Sn 在背散射图像中呈现明亮的颗粒状，与暗色的 Ag$_5$Zn$_8$ 和 Cu$_5$Zn$_8$ 有很大不同。此外，在 Sn 的下方还有 Cu-Sn IMC 一直生长至基板的深处。

从图 3.8（a）～（c）中可以看到，对于 Zn 含量大于 2%的焊料，界面处的 IMC 相略有长大。而从图 3.8（d）中的 EDX 结果分析可以看到，这些 IMC 相由 Ag$_5$Zn$_8$ 转变为了 Ag$_3$Sn。而这些 Ag$_3$Sn IMC 下方界面层中的 Sn 含量很低，相反此处出现了明显的 Zn 的聚集，这一现象表明此处的界面层转变为 Cu-Zn IMC 层。从图 3.8（e）中可以看到，界面 Cu-Zn IMC 相可能发生异常生长，越过上方的颗粒状 Ag$_3$Sn 相进入焊料内部。使用 10%（体积分数）HNO$_3$ 将焊料溶解后可以得到图 3.8（f）所示的 Sn-2Ag-2.5Zn 焊料界面的俯视图，从图中可以明显观察到颗粒状 IMC 和界面上的孔洞。

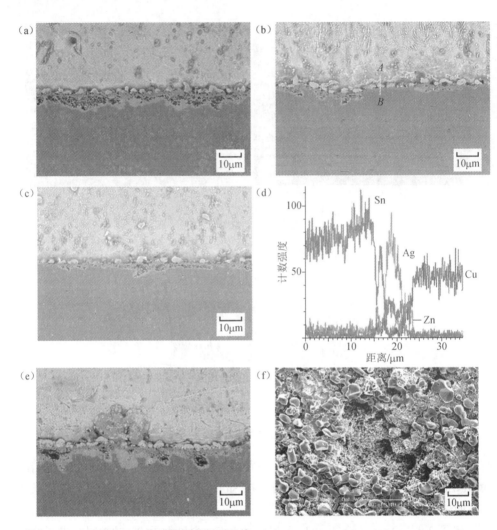

图 3.8 150℃下 200h 老化后的焊点断面形貌：（a）Sn-2Ag-2Zn/Cu；（b）Sn-2Ag-3Zn/Cu；
（c）Sn-1.5Ag-2Zn/Cu；（d）图 3.8（b）中 A 到 B 的 EDX 分析结果；（e）Sn-2Ag-2.5Zn；
（f）Sn-2Ag-2.5Zn/Cu 焊点界面俯视图

3.2.3 250℃下 4h 回流后 Sn-Ag-Zn/Cu 焊点的微观组织

250℃下 4h 回流后，SAC105/Cu 界面变厚，同时界面上有棒状 IMC 生长。通过对图 3.9（a）中点 2 和 3 的 EDX 分析（表 3.2）可以看出，界面 IMC 和棒状 IMC 都是由 Cu_6Sn_5 组成的。从图 3.9（b）～（d）中可以看到，从 Sn-xAg-1Zn/Cu 焊点能观察到原来基板的界面位置。可以明显地看出 Sn 扩散进入基板形成 Cu-Sn

IMC 界面层，同时 Cu 扩散进入焊料形成棒状 IMC。这些棒状 IMC 比 SAC105/Cu 焊点中的要更粗大，而原界面下方 IMC 层厚度要大于 SAC105 焊料。通过对图 3.9（b）中点 4 的 EDX 分析（表 3.2）可以看出该处 IMC 为 Cu_6Sn_5，而点 5 处 Zn 含量较高，通过对比三元相图[102]可知此处 IMC 为 Cu_6Sn_5 和 Cu_5Zn_8 的混合层，其中 Cu_6Sn_5 占 80%左右，Cu_5Zn_8 占 20%左右。由于界面上方和下方 IMC 组成不同，界面层出现明显的分解，原界面上方为棒状 Cu_6Sn_5，原界面下方为 Cu_6Sn_5 和 Cu_5Zn_8 的混合层。

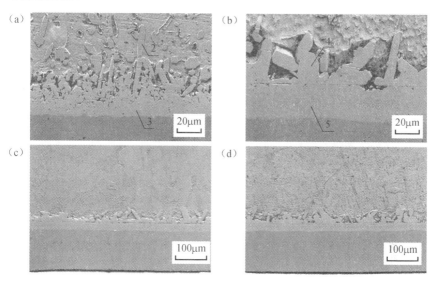

图 3.9　250℃下 4h 回流后的焊点断面形貌：（a）SAC105/Cu；（b）Sn-1Ag-1Zn/Cu；（c）Sn-2Ag-1Zn/Cu；（d）Sn-3Ag-1Zn/Cu

表 3.2　图 3.9 中的 EDX 分析结果

编号	原子分数/%				物相鉴定
	Sn	Ag	Cu	Zn	
2	50.17	0	49.83	0	Cu_6Sn_5
3	49.31	0	50.69	0	Cu_6Sn_5
4	45.24	0	48.18	6.58	Cu_6Sn_5
5	34.34	0	49.44	16.22	$Cu_6Sn_5+Cu_5Zn_8$

从图 3.10 中可以看到，当焊料中的 Zn 含量高于 2%时，焊点中不再出现原基板界面和棒状 IMC。Cu 元素扩散进入焊料形成弥散分布的 IMC 颗粒，因此 IMC 界面层也没有明显的边界。通过对图 3.10（a）中点 6 和 A 点到 B 点的

EDX 分析（表 3.3）可以看出，此时的界面 IMC 层已经完全转变为 Cu_5Zn_8。前面提到过回流焊接后的 Sn-2Ag-2Zn/Cu 焊点界面由 Cu_6Sn_5 和 Cu_5Zn_8 组成，而在长时间回流后界面 IMC 完全转变为 Cu_5Zn_8，由此可以推测在焊接初期 Sn-2Ag-2Zn 焊料与 Cu 先形成 Cu_6Sn_5 IMC，而随着焊接时间的增长，Cu_6Sn_5 逐渐转变为 Cu_5Zn_8。结合前面的讨论可以得到结论：在 250℃下 Sn-2Ag-1Zn 焊料与 Cu 焊盘的平衡反应产物为 Cu_6Sn_5，而 Sn-2Ag-2Zn 与 Cu 焊盘的平衡反应产物为 Cu_5Zn_8。

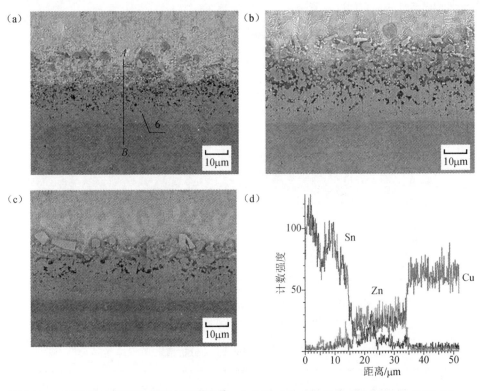

图 3.10　250℃下 4h 回流后的焊点断面形貌：（a）Sn-2Ag-2Zn/Cu；（b）Sn-2Ag-2.5Zn/Cu；（c）Sn-2Ag-3Zn/Cu；（d）图 3.10（a）中 A 到 B 的 EDX 分析结果

表 3.3　图 3.10 中的 EDX 分析结果

编号	原子分数/%				物相鉴定
	Sn	Ag	Cu	Zn	
6	1.07	3.18	34.64	61.12	Cu_5Zn_8

3.3　　Sn-Ag-Zn/Cu 焊点的力学性能

从 3.2 节可以看出，低 Ag 含量 Sn-Ag-Zn 系焊料中 Ag 和 Zn 含量的变化会使焊点的微观结构呈现很大差异，这些差异将会影响 Sn-Ag-Zn/Cu 焊点的力学性能。图 3.11 为 Sn-Ag-Zn/Cu 焊点的强度。下面通过对焊点断口的分析，结合 3.2 节中焊点的微观结构来研究焊点强度与微观组织的关系。

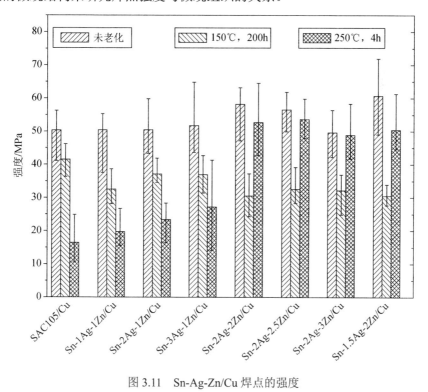

图 3.11　Sn-Ag-Zn/Cu 焊点的强度

3.3.1　回流焊接后 Sn-Ag-Zn/Cu 焊点的力学性能

一般来说，焊点的强度取决于焊料强度和界面强度。当界面强度较弱时，断裂发生于界面处，焊点强度取决于界面强度；若焊点界面强度高于焊料强度，焊点断裂将发生于焊料内部，则焊点强度取决于焊料强度。而润湿性能较低的焊料容易形成焊接缺陷，导致界面强度的下降。图 3.12 为 SAC105/Cu 和 Sn-xAg-1Zn/Cu 焊点断面。从图 3.12（a）和（b）中可以看到，SAC105/Cu 焊点的断裂发生在焊点内部，说明焊点界面强度要高于焊点本身的强度。从图 3.12（c）和（d）中可以看到，

Sn-1Ag-1Zn/Cu 焊点断面较为平坦。通过 EDX 分析（表 3.4）可知，图 3.12（c）中点 7 处物相为β-Sn+Cu$_6$Sn$_5$+Cu$_5$Zn$_8$，由此可知该处断裂发生在焊点界面上。而该焊点断面形貌大部分与点 7 形貌相似，说明该焊点的断裂主要发生在焊点界面处。由点 8 处的 EDX 分析可知该处为β-Sn 物相，由此可见局部断裂可能扩展进入焊点内部。3.2.1 小节中提到 Sn-xAg-1Zn/Cu 焊点界面由细小的 Cu$_6$Sn$_5$ 和 Cu$_5$Zn$_8$ 相组成，从图 3.12（d）～（f）中可以看到焊点界面在金相制备过程中再次发生断裂。这一现象表明这些组成界面的细小 IMC 相之间结合力比较弱，使界面脆化，因此 Sn-xAg-1Zn/Cu 焊点容易在界面处发生断裂。此外，3.1 节中提到焊料的润湿性能会对焊点强度造成影响，润湿性能比较差的 Sn-Ag-Zn 焊料容易在焊点界面形成焊接缺陷，造成焊点强度的降低，因此润湿性能差是 Sn-xAg-1Zn 焊点强度比较差的另一个原因。从图 3.11 中可以看到，虽然在 2.4 节中发现 Sn-xAg-1Zn 焊料强度要高于 SAC105 焊料，但是 Sn-xAg-1Zn/Cu 焊点界面强度较弱、润湿性能较差，从而使 Sn-xAg-1Zn/Cu 焊点的强度与 SAC105/Cu 焊点相当。

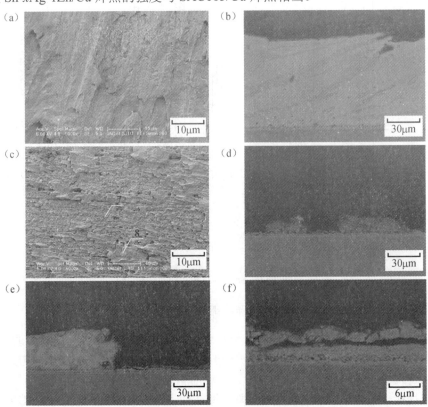

图 3.12　回流焊接后的焊点断面形貌：（a）、（b）SAC105/Cu 焊点断面及横截面；（c）、（d）Sn-1Ag-1Zn/Cu；（e）Sn-2Ag-1Zn/Cu；（f）Sn-3Ag-1Zn/Cu

表 3.4　图 3.12 中的 EDX 分析结果

编号	原子分数/%				物相鉴定
	Sn	Ag	Cu	Zn	
7	41.87	0	28.34	29.79	β-Sn+Cu$_6$Sn$_5$+Cu$_5$Zn$_8$
8	94.41	0	3.03	2.56	β-Sn

从图 3.13（a）和（b）中可以看出，Sn-2Ag-2Zn/Cu 焊点由焊料内部发生断裂，因此焊点的强度取决于焊料强度，2.4 节中提到 Sn-2Ag-2Zn 焊料在本次研究的焊料当中有最高的强度，因此 Sn-2Ag-2Zn/Cu 焊点有相对较高的强度（58.39MPa）。而焊点断裂发生在焊料内部，说明焊点界面强度高于焊料强度。3.2.1 小节中提到，当 Sn-2Ag-xZn/Cu 焊点中 Zn 含量超过 2% 以后，焊点界面会形成 Ag$_5$Zn$_8$ 相，而 Ag$_5$Zn$_8$ 相的形成抑制了细小的 Cu$_6$Sn$_5$ 和 Cu$_5$Zn$_8$ 相生长，使焊点不再从界面处发生断裂。由此可见，此处 Ag$_5$Zn$_8$ 相的形成有效地提高了焊点界面强度。而 Sn-2Ag-3Zn 焊点强度比较低，其原因可能是如图 3.6（c）和 2.3.2 小节中提到的，焊料内部容易出现粗大的 IMC 枝晶。

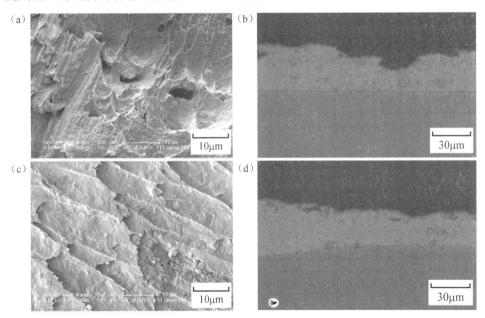

图 3.13　回流焊接后的焊点断面形貌：（a）、（b）Sn-2Ag-2Zn/Cu；
（c）、（d）Sn-1.5Ag-2Zn/Cu

在本次研究中，Sn-1.5Ag-2Zn/Cu 焊点的强度最高，为 60.86MPa。相对块体状焊料，焊点的凝固过程更快，使焊料内部成分不均匀更加严重。第 2 章中提到过 Sn-2Ag-2.5Zn 焊料和 Sn-1.5Ag-2Zn 焊料中先共晶 IMC 相都比较少，但是由于焊点凝固过程中成分不均匀加剧，加上凝固速度加快，包晶反应 $L+Ag_5Zn_8 \longrightarrow$ β-Sn 不能完全进行，使 Sn-2Ag-2.5Zn/Cu 焊点内容易析出 Ag_5Zn_8 相，如图 3.14（a）所示。相反，Sn-1.5Ag-2Zn/Cu 焊点由于 Ag 和 Zn 含量的减少，Ag_5Zn_8 相析出减少 ［图 3.14（b）］。同时从断口截面照片中可以看到，Sn-1.5Ag-2Zn/Cu 焊点中的 IMC 相也比 Sn-2Ag-2Zn/Cu 焊点要少 ［图 3.13（b）和（d）］，断面更加均匀整齐 ［图 3.13（a）和（c）］，从而使 Sn-1.5Ag-2Zn/Cu 焊点的强度略高于 Sn-2Ag-2Zn/Cu 和焊点 Sn-2Ag-2.5Zn/Cu 焊点。

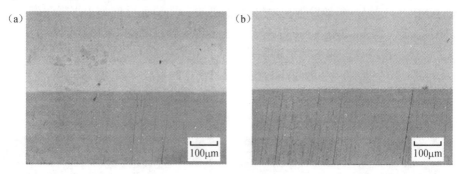

图 3.14　回流焊接后的焊点断面形貌：（a）Sn-2Ag-2.5Zn/Cu 焊点；（b）Sn-1.5Ag-2Zn/Cu 焊点

对于断裂发生在焊料内部的焊点，焊料的塑性对焊点的塑性有很大影响。图 3.15（a）为 SAC105、Sn-1.5Ag-2Zn、Sn-2Ag-2Zn 和 Sn-2Ag-2.5Zn 焊点的位移-受力曲线。从中可以看到，虽然 Sn-2Ag-2Zn 焊料有较高的强度，但是由于塑性较差，在较小的变形下即可发生断裂。电子元件在服役过程中，焊点经常受到冲击和周期疲劳的影响，而高塑性的材料具有较好的抗冲击和抗疲劳的性能[103]。通常材料的韧性可以通过材料在断裂过程中吸收的能量来表征。设焊点在剪切测试过程中位移为 x，受力为与位移相关的变量 $f(x)$，则焊点断裂过程中所消耗的能量为

$$E = \int f(x)\mathrm{d}x$$

由此可得焊点断裂所消耗的能量如图 3.15（b）所示。结合图 3.15（a）可以看出，虽然 Sn-2Ag-2Zn/Cu 焊点的塑性较差，但是由于强度较高，断裂过程中所消耗的能量略高于 SAC105/Cu 焊点；虽然 Sn-2Ag-2.5Zn/Cu 焊点的强度低于 Sn-1.5Ag-2Zn/Cu 焊点，由于 Sn-2Ag-2.5Zn/Cu 焊点的塑性较好，两种焊点在断裂中吸收的能量相近。通过对比可知，Sn-1.5Ag-2Zn/Cu 焊点和 Sn-2Ag-2.5Zn/Cu 焊点有较好的韧性。

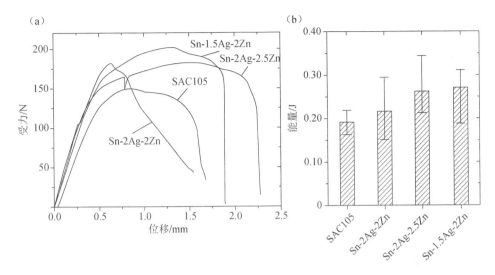

图 3.15　回流后焊点的力学性能：（a）位移-受力曲线；（b）焊点断裂消耗的能量

3.3.2　150℃下 200h 老化后 Sn-Ag-Zn/Cu 焊点的力学性能

从图 3.11 中可以看到，经过 150℃下 200h 老化，Sn-Ag-Zn/Cu 焊点的强度要低于 SAC105/Cu 焊点。从图 3.16（a）中可以看到，SAC105/Cu 焊点依然由焊料内部发生断裂。而从图 3.16（b）～（d）中可以看到 Sn-1Ag-1Zn/Cu 焊点断裂主要发生于界面处，同时断面上可以明显地观察到颗粒状 IMC，通过对图 3.16（b）中点 9 处的 EDX 分析（表 3.5）可以看出这些 IMC 相为 Ag_3Sn。3.2.2 小节中提到在老化过程 Sn-xAg-1Zn/Cu 焊点界面会发生严重的 Cu-Sn 反应并有 Ag_3Sn 形成，由于相关固态相变容易造成物相的体积变化和界面应力，焊点容易从 Ag_3Sn/Sn 界面处发生断裂。当 Ag 含量增加时，焊点断裂更多发生于焊料内部，因此焊点强度随着 Ag 含量增加略有上升[图 3.16（e）和（f）]。随着 Zn 含量的增加，Sn-Ag-Zn/Cu 焊点断裂主要发生在 Ag_3Sn/Sn 界面 [图 3.16（g）和（h）]。3.2.1 小节提到 Sn-2Ag-xZn/Cu 焊点 Zn 含量大于 2%时焊点界面将形成 Ag_5Zn_8，而 Ag_5Zn_8 在老化过程中会转变为 Ag_3Sn，使焊点界面处 Ag_3Sn 比 Sn-xAg-1Zn 焊料更多；同样这一变化容易造成体积变化和界面应力。因此，如图 3.11 所示，Sn-2Ag-2Zn/Cu 焊点及其他 Zn 含量超过 2%的焊点的强度低于 Sn-xAg-1Zn/Cu 焊点。同样，从图 3.17（a）位移-受力曲线上可以看出，Sn-Ag-Zn/Cu 焊点在老化后塑性也远远低于 Sn-Ag-Cu/Cu 焊点，特别是 Zn 含量高于 2%的焊点。

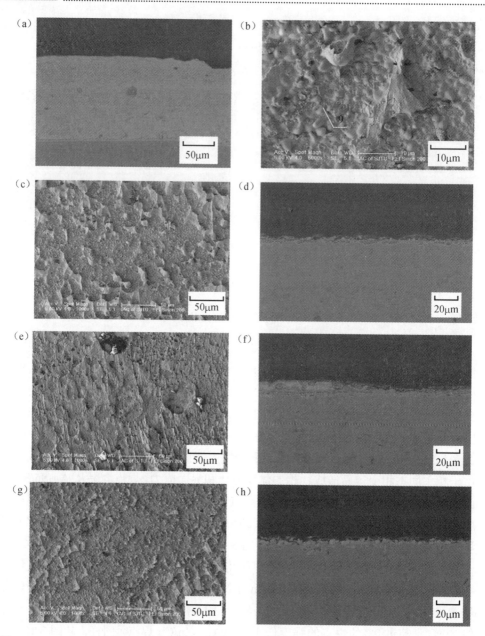

图 3.16　150℃下 200h 老化后焊点断面形貌：（a）SAC105/Cu；（b）、（c）、（d）Sn-1Ag-1Zn/Cu；
（e）、（f）Sn-2Ag-1Zn/Cu；（g）、（h）Sn-2Ag-2Zn/Cu

表 3.5　图 3.16 中的 EDX 分析结果

编号	原子分数/%				物相鉴定
	Sn	Ag	Cu	Zn	
9	20.02	21.11	26.63	32.23	β-Sn+Ag$_3$Sn+Cu$_5$Zn$_8$

从图 3.17（a）中可以看出，在 150℃、200h 老化后 Sn-Ag-Zn/Cu 焊点的强度和塑性都有大幅度的下降；相比之下，Sn-Ag-Cu/Cu 焊点的强度和塑性变化较小。从图 3.17（b）中可以看到，老化后的 Sn-Ag-Zn/Cu 焊点中，即使韧性较好的 Sn-2Ag-1Zn/Cu 焊点，其断裂消耗的能量也仅为 SAC105/Cu 焊点的一半左右，而韧性较差的 Sn-1.5Ag-2Zn/Cu 焊点断裂所消耗的能量仅为 SAC105/Cu 焊点的 1/4 左右。总体来说，由于 Sn-Ag-Zn 焊料在 150℃下容易与 Cu 发生严重的 Cu-Sn 反应，并在界面处生成 Ag$_3$Sn，因此 Sn-Ag-Zn/Cu 焊点不适合在 150℃环境下使用。

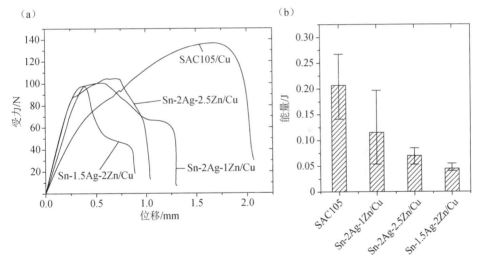

图 3.17　150℃下 200h 老化后焊点的力学性能：（a）位移-受力曲线；（b）焊点断裂消耗的能量

3.3.3　250℃下 4h 回流后 Sn-Ag-Zn/Cu 焊点的力学性能

从图 3.11 中可以看到，250℃下 4h 回流后，SAC105/Cu 和 Sn-xAg-1Zn/Cu 焊点的强度急剧下降。从图 3.18（a）～（f）中可以看到，这些焊点断面相似。对图 3.18（e）进行 EDX 分析（表 3.6）发现，Sn-3Ag-1Zn/Cu 焊点断裂发生于 Cu$_6$Sn$_5$ 晶体内（点 10）和 Cu 基板上（点 11）。通过横截面观察可以看到焊点沿着 Cu$_6$Sn$_5$/Cu 界面发生断裂，局部延伸进入 Cu$_6$Sn$_5$，可见这些焊点中界面 Cu$_6$Sn$_5$ IMC 与 Cu 焊盘之间的结合力很差，因此焊点的破坏主要发生在 Cu$_6$Sn$_5$/Cu 界面处。

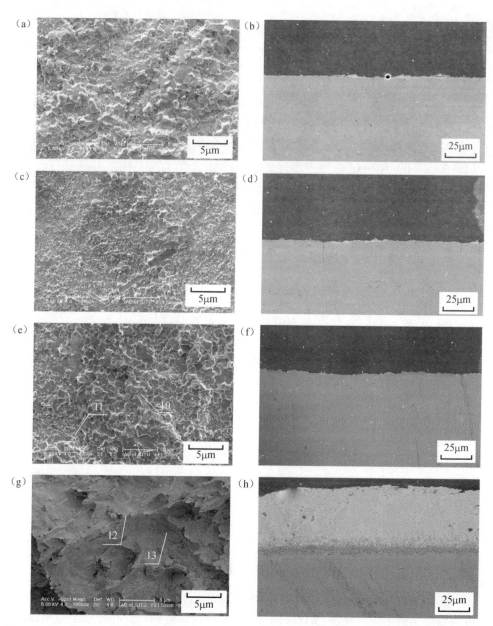

图 3.18 250℃下 4h 回流后的焊点断面形貌：（a）、（b）SAC105/Cu；（c）、（d）Sn-1Ag-1Zn/Cu；
（e）、（f）Sn-3Ag-1Zn/Cu；（g）、（h）Sn-2Ag-2Zn/Cu

表 3.6　图 3.18 中的 EDX 分析结果

编号	原子分数/%				物相鉴定
	Sn	Ag	Cu	Zn	
10	41.09	0	51.12	7.79	$Cu_6Sn_5+Cu_5Zn_8$
11	11.16	0	78.90	9.94	$Cu+Cu_6Sn_5+Cu_5Zn_8$
12	100	0	0	0	β-Sn
13	77.90	7.94	0	14.16	β-Sn+Ag_5Zn_8

　　而从图 3.18（g）和（h）中可以看到，Sn-2Ag-2Zn/Cu 焊点断裂发生于焊料内部。从图 3.18（g）中可以看到该焊点主要断裂模式为塑性断裂，断口主要呈现塑性变形和撕裂的形貌。从点 12 的 EDX 分析（表 3.6）可以看到，这里主要由 β-Sn 发生塑性变形。同时在断口处也发现解理断裂的形貌，从点 13 的 EDX 分析可以看到，该处发生解理断裂是条状的 Ag_5Zn_8 相。虽然断面处发现条状 Ag_5Zn_8 相（点 13）可能降低焊点强度，但实际焊点强度与回流焊接后的焊点强度相比没有明显的下降。由于焊点中 Cu_5Zn_8 弥散分布进入焊料，因此 Cu_5Zn_8/Sn 之间没有明显的界面。如果裂纹沿着 Cu_5Zn_8/Sn 界面扩展将极大地增加裂纹的长度，使断裂需要的能量增加。此外，弥散进入焊料的 Cu_5Zn_8 会造成弥散强化效果，强化界面附近的焊料，使断裂在远离界面的区域发生。另外，根据文献报道，Cu_5Zn_8 和 Ag_5Zn_8 界面有着良好的抗冲击性能[57]。由此可见，相比 Ag_3Sn 和 Cu_6Sn_5，Cu_5Zn_8 和 Ag_5Zn_8 与 Sn 和 Cu 有良好的匹配和较高的界面强度。因此，本次研究中没有发现明显的 Ag_5Zn_8/Cu 和 Cu_5Zn_8/Cu 界面断裂现象。

　　通过位移-受力曲线［图 3.19（a）］可以看出，SAC105/Cu 和 Sn-xAg-1Zn/Cu 焊点的塑性在长时间回流后也被极大地削弱了；而焊料中 Zn 含量大于 2% 的焊点其塑性没有明显的降低。对比图 3.19（b）可以看到，SAC105/Cu 和 Sn-2Ag-1Zn/Cu 焊点的韧性远远小于焊料中 Zn 含量大于 2% 的焊点的韧性。而 Sn-2Ag-2.5Zn/Cu 焊点强度较高，Sn-1.5Ag-2Zn/Cu 焊点塑性较好，两者的韧性相当。总体来说，当 Sn-Ag-Zn/Cu 焊点中 Zn 含量大于 2% 时，在长时间回流后其焊点强度和塑性不会发生明显下降，其焊点的韧性要明显高于 SAC105/Cu 焊点和 Sn-xAg-1Zn/Cu 焊点。

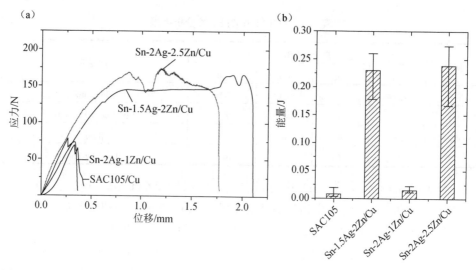

图 3.19　250℃下 4h 回流后焊点的力学性能：（a）位移-受力曲线；（b）焊点断裂消耗的能量

3.4　综　合　讨　论

3.4.1　Sn-xAg-1Zn/Cu 焊点脆性界面的生成

3.2.1 小节中提到 Sn-xAg-1Zn/Cu 焊点界面会形成脆性 Cu_6Sn_5+Cu_5Zn_8 界面层。3.3.1 小节中提到脆性界面层断裂会引起 Sn-xAg-1Zn/Cu 焊点强度下降。Wei 等[61]也曾经报道过在 Sn-3.5Ag 焊料中添加了 1%Zn 后会造成焊点的强度下降，但是具体原因未作进一步报道。通过 3.2.3 小节的研究可以看到，250℃下 4h 老化后，Sn-xAg-1Zn/Cu 焊点界面的平衡产物为 Cu_6Sn_5，而 Zn 含量提升到 2%以上后界面处的主要平衡产物为 Cu_5Zn_8。由此可以看出，IMC 相的析出对熔体的成分十分敏感。发生生成物转变的 Zn 含量临界配比位于 1%和 2%之间。对于 Sn-2Ag-1Zn 焊点，在回流凝固过程中会先形成 Cu_6Sn_5。由于回流凝固过程较快，液相成分不平衡，Cu_6Sn_5 的形成会使局部 Zn 含量上升，从而形成 Cu_5Zn_8；同样地，Cu_5Zn_8 的形成也造成熔体中局部 Zn 含量的下降，转而形成 Cu_6Sn_5。这一现象与共晶现象相似，最终形成 Cu_6Sn_5 和 Cu_5Zn_8 的混合界面层。通常发生共晶反应的焊料是硬而脆的 IMC 相与软而塑性良好的 β-Sn 共晶，IMC 可以起到良好的强化效果，同时 β-Sn 可以通过塑性变形降低应力集中，提高材料的韧性。但如果两种 IMC 相形成共晶，不仅本身的晶体结构差异会造成界面应力，而且热膨胀系数的差异也会造成界面应力。另外，由于 IMC 相硬度较高，难以通过塑性变形消除界面应力，因此使混合界面层脆性增大。而在快速凝固中，由于 Sn-2Ag-2Zn 的先共晶相为 Ag_5Zn_8，Ag_5Zn_8 与 Cu_5Zn_8 具有相同的晶体结构并完全互溶，因此 Sn-2Ag-2Zn/Cu 凝固过程中形成的 Ag_5Zn_8 界面层很快在 Cu_5Zn_8 上析出。相比 Cu_5Zn_8，Cu 原子很难通过体扩散到达 Ag_5Zn_8 界面层上方与 Sn 反应形成新的 IMC，同时由于 Ag_5Zn_8 形成的过程中消耗掉了大量的 Zn 元素，使界面层附近缺乏 Zn 元素来形成 Cu_5Zn_8。此外，焊料中的先共晶 Ag_5Zn_8 的析出量很少，焊料很快进入共晶反应，使 Ag_5Zn_8 界面层很难生长，因此界面层的厚度得到了抑制。同时 Ag_5Zn_8 与 Cu 焊点和 Sn 基焊料有良好的匹配性能[57]，使 Sn-2Ag-2Zn/Cu 焊点界面有良好的强度，因此剪切测试过程中焊点断裂发生在焊料内部。

3.4.2　150℃下 Sn-Ag-Zn 系焊料对 Cu 基板的侵蚀问题

通常来说，厚的 IMC 界面层对焊点强度有负面影响，但是界面 IMC 可以阻止基板与焊料间的相互扩散，因此一定厚度的 IMC 界面层是必要的。对于 Sn-Ag-Zn 体系，由于 Zn 的存在会抑制 Cu_6Sn_5 生长[60]，所以难以形成完整的 Cu_6Sn_5 阻挡层。如图 3.20 所示，Suganuma 等在研究中发现，在 Sn-9Zn/Cu 焊点中，Cu-Zn 界面层在 140℃老化过程中会发生分解现象，使 Cu-Zn 界面层出现开孔[29]。当界面层出现孔洞后 Sn 直接与 Cu 发生反应，并形成 Sn-Cu IMC 生长至基板深处。根据 Suganuma 在文献中的描述，Cu-Zn 界面层在 150℃热老化过程中发生分解变薄并逐渐消失[29]；但其他一些文献报道指出，在此温度下，Sn-Zn/Cu 界面热老化过程中，Cu-Zn IMC 层呈现逐渐变厚的趋势[104, 105]。而 Sn-Ag-Zn/Cu 焊点的热老化现象与 Sn-Zn/Cu 焊点的热老化现象有明显不同。而从图 3.8（e）中可以看到，界面上出现异常生长的 Cu-Zn IMC。这一现象说明在此温度下界面 Cu-Zn IMC 并不是发生简单的分解消失，而是发生了偏聚生长。通常 IMC 中的原子配位比较固定，因此原子比例都是比较稳定的，如 150℃下 Cu_6Sn_5（η'-CuSn）中元素的比例变动在 1%（原子分数）以内。这一性质使焊点中各种元素成分很难通过体扩散穿过 Cu_6Sn_5 IMC 界面层，因此 Cu_6Sn_5 界面层在焊点中能成为有效的阻挡层。但是 Cu_5Zn_8（γ-CuZn）由于 Cu、Zn 原子序数相近，在晶体结构中有很大的替换性，使 Cu_5Zn_8 中的 Cu、Zn 比例变动在 9%（原子分数）左右。因此 Cu_5Zn_8 界面层内可能存在很大的成分梯度，使 Cu、Zn 在界面层中的体扩散变得更容易。特别是在高温环境下，原子活动加剧。在界面能的作用下，Cu_5Zn_8 界面层出现收缩聚集；同时异常生长的 Cu_5Zn_8 沿密排方向生长，降低了晶体生长所需的能量。结果使 Sn-Ag-Zn/Cu 焊点 Cu_5Zn_8 界面发生分解，焊料对基板发生侵蚀，而局部 Cu_5Zn_8 异常生长成为呈枝状结构。同样，Sn-Zn/Cu 焊点中出现界面穿孔腐蚀和整体界面层变厚也可能是由界面 Cu_5Zn_8 偏聚生长引起的。

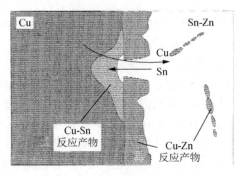

图 3.20　150℃老化后 Sn-9Zn/Cu 界面形貌变化示意图[29]

总结 3.2.2 和 3.3.2 小节的研究结果，Sn-Ag-Zn/Cu 界面在 150℃热老化条件下会发生图 3.21 所示的变化。

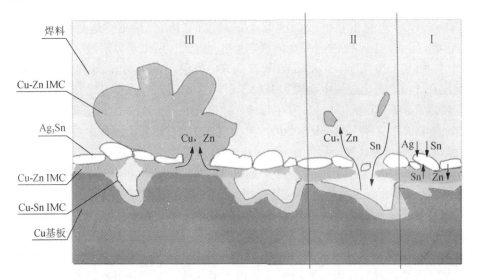

图 3.21　150℃老化后 Sn-Ag-Zn/Cu 界面形貌变化示意图

Ⅰ. 对于焊料 Zn 含量大于 2%的焊点，在回流焊接后焊点界面将形成颗粒状 Ag_5Zn_8 相。热老化后，界面处颗粒状 Ag_5Zn_8 将转变为 Ag_3Sn，若这一转变过程中 Ag 的总量不变，转变后界面处颗粒状 IMC 体积将缩小。但是实际上这些颗粒状 IMC 呈增大趋势，因此判断焊料中的 Ag 和 Sn 扩散至界面并使界面 Ag_3Sn 生长。从断口形貌中可以看到完整的 Ag_3Sn IMC 颗粒，说明断裂发生于 Ag_3Sn/Sn 界面，因此 Ag_3Sn 的生成是造成 Sn-Ag-Zn/Cu 焊点热老化性能下降的主要原因。另外界面处 Cu_6Sn_5 消失，界面层完全转变为 Cu_5Zn_8，由此可以判断界面层与其上的颗粒状 IMC 发生了物质交换：

$$Ag_5Zn_8+Cu_6Sn_5 \longrightarrow Ag_3Sn+Cu_5Zn_8 \qquad (3.1)$$

Ⅱ．与图 3.20 原理相同，在热老化过程中界面 IMC 分解，形成孔洞。Cu、Zn 通过孔洞扩散进入焊料并在焊料内部形成 Cu-Zn IMC。同时 Sn 扩散进入基板，在基板上形成纯 Sn 凹坑，并在凹坑下方形成 Cu-Sn IMC 层。与界面 IMC 层生长不同，焊料侵蚀基板的现象极不均匀，因此难以通过数学模型来评估焊料侵蚀基板的速率。与图 3.20 原理不同的是，由于 Sn-Ag-Zn/Cu 体系中含有 Ag，在这一变化过程中会有 Ag_3Sn 在界面处形核生长，因此在原有界面附近会留下颗粒状 Ag_3Sn 相。

Ⅲ．Cu_5Zn_8 内 Cu、Zn 体扩散更容易，使焊点界面 Cu_5Zn_8 发生分解，并出现焊料侵蚀基板的现象。另外，Cu、Zn 元素的偏聚，造成 Cu_5Zn_8 相的异常生长，出现粗大枝状的 Cu_5Zn_8 相。此外 3.2.1 小节中提到过，Sn-xAg-1Zn/Cu 焊点的界面由细小的 Cu_6Sn_5 和 Cu_5Zn_8 相组成，因此这些细小颗粒间存在大量的晶界。在高温老化过程中这些晶界将成为快速扩散的通道，加速界面的分解和物质的扩散，这一现象是 Sn-Ag-Zn 系焊料在高温下容易发生侵蚀基板的另一个原因。

3.5　本 章 小 结

本章讨论了低 Ag 含量 Sn-Ag-Zn/Cn 的焊点的润湿性能、微观组织和力学性能，得出的结论如下。

1）相比 Sn-Ag-Cu 系焊料，Sn-Ag-Zn 系焊料中 Ag 含量下降会使焊料的润湿性能下降，而 Zn 含量的增加也会使焊料的润湿性能单调下降。而润湿性能的下降容易造成焊接缺陷，使焊点的界面强度下降。

2）回流焊接后 Sn-xAg-1Zn/Cu 焊点界面由细小的 Cu_6Sn_5 和 Cu_5Zn_8 相组成，这些细小 IMC 相间的结合力较差，使界面强度下降。当 Zn 含量高于 2% 时，焊点界面形成 Ag_5Zn_8 IMC 相，可以抑制细小的 Cu_6Sn_5 和 Cu_5Zn_8 相形成，提升焊点界面强度，使焊点断裂发生于焊料内部。其中 Sn-1.5Ag-2Zn/Cu 焊点有较高的强度，Sn-2Ag-2.5Zn/Cu 焊点有较好的塑性，这两种焊点的韧性较好。

3）150℃下 200h 老化后，Sn-Ag-Zn 系焊料和 Cu 基板发生严重的 Cu-Sn 金属间反应，使 Sn 侵蚀进入 Cu 基板，并在界面处形成 Ag_3Sn IMC 相；而对于 Zn 含量大于 2% 的焊点，界面处 Ag_5Zn_8 相将转变为 Ag_3Sn，在界面上生成更多的 Ag_3Sn。在剪切测试中 Ag_3Sn/Sn 界面容易发生脆性断裂，因此 Sn-Ag-Zn/Cu 焊点不适合在 150℃ 左右的环境中使用。

4）250℃下 4h 回流后，SAC105/Cu 和 Sn-xAg-1Zn/Cu 焊料形成厚的 Cu_6Sn_5 界面层，并在其上有棒状 Cu_6Sn_5 生长。这些焊点的强度和塑性在长时间老化后急剧下降，其原因在于 Cu_6Sn_5/Cu 界面容易发生断裂。而对于 Zn 含量大于 2%的焊点，其界面生成相为 Cu_5Zn_8。由于 Cu_5Zn_8 弥散分布于 Cu_5Zn_8/Sn 界面，Cu_5Zn_8 与焊料有较高的结合强度；另外，Cu_5Zn_8 与 Cu 具有良好的匹配和界面强度，使焊点断裂发生于焊料内部。因此，这些焊点与回流焊接后的样品相比，其强度和塑性没有明显下降。

低 Ag 含量 Sn-Ag-Zn/Ni/Cu 焊点的研究

通过第 3 章的研究可以发现，将 Sn-Ag-Zn 系焊料运用于 Cu 基板，在 150℃ 下进行长时间老化会发生焊料侵蚀 Cu 焊盘的现象。这一现象与 Sn-Zn 系焊料对 Cu 基板的侵蚀有相似的机理。通常在微电子制造中，为了避免在高温条件下使用的 Cu 导体及焊盘氧化通常会在表面制备镀层进行覆盖，而镀 Ni 是对 Cu 导线及焊盘常用的保护方法。此外，对于 Sn-Zn 系焊料对 Cu 焊盘的侵蚀问题，生产过程中通常使用镀 Ni 的方法来解决[4]。本章将以 C194 基板上电镀 2.8~3.3μm 的 Ni 镀层作为研究对象，将 Sn-Ag-Zn 系焊料焊接于 Ni 镀层上，研究不同老化条件下焊料成分对焊点界面微观组织和力学性能的影响。同时使用 SAC105 焊料进行对比，以明确 Sn-Ag-Zn 系焊料和 Sn-Ag-Cu 系焊料与 Ni 镀层之间界面反应和焊点力学性能的差异。

4.1 Sn-Ag-Zn/Ni/Cu 焊点的微观组织

在 Sn-Ag-Zn/Cu 焊点的研究中，焊料成分，特别是 Zn 含量对界面反应有很大的影响。本章同样使用焊点微观形貌的研究来明确 Sn-Ag-Zn/Ni/Cu 焊点中焊料成分对界面反应的影响。

4.1.1 回流焊接后 Sn-Ag-Zn/Ni/Cu 焊点的微观组织

根据文献报道，Sn-Ag-Cu 系焊料与 Ni 镀层的主要反应生成物为 Ni_3Sn_4 和少量的 Ni_3Sn_2[106]，而 Sn-Zn 系焊料与 Ni 镀层的反应生成物为 Ni_5Zn_{21}[107]。图 4.1 为回流焊接后焊点的微观组织。从图中可以看到，Sn-Ag-Zn/Ni 界面之间形成一层很薄的界面层。而通过图 4.1（f）可以看出，即使 Zn 含量为 2.5%，焊点界面也没有明显的 Zn 聚集，而界面处仅有均匀的 Sn、Ni 含量过渡，由此可以判断界面层反应生成物为 Ni-Sn IMC。另外，与 Sn-Ag-Zn/Cu 焊点不同，Sn-Ag-Zn/Ni/Cu 焊点界面上没有 Ag_5Zn_8 相形成。3.2 节提到过由于 Ag_5Zn_8 为先共晶相，容易在凝固较快的区域形核生长，因此 Ag_5Zn_8 容易在基板附近形成。如图 4.1（d）所示，在 Sn-2Ag-2.5Zn/Ni/Cu 焊点中，虽然有 Ag_5Zn_8 在焊点附近形核生长，但是没有发现 Ag_5Zn_8 直接在界面上形核生长，这一现象说明 Ni 镀层表面 Ag_5Zn_8 难以形核；也

可以说明 Ag_5Zn_8 能在 Sn-Ag-Zn/Cu 界面上生长是由于 Sn-Ag-Zn/Cu 界面上会形成 Cu_6Sn_5 和 Cu_5Zn_8，使 Ag_5Zn_8 能在其上形核生长。此外，与 Sn-2Ag-2.5Zn/Cu 焊点相似，Sn-2Ag-2.5Zn/Ni/Cu 焊点内部也容易析出 Ag_5Zn_8 相和共生的 β-Sn 枝晶，如图 4.1(d)所示。而 Ag、Zn 含量较低的 Sn-1.5Ag-2Zn/Ni/Cu 焊点中很少析出 Ag_5Zn_8 相［图 4.1（e）］。

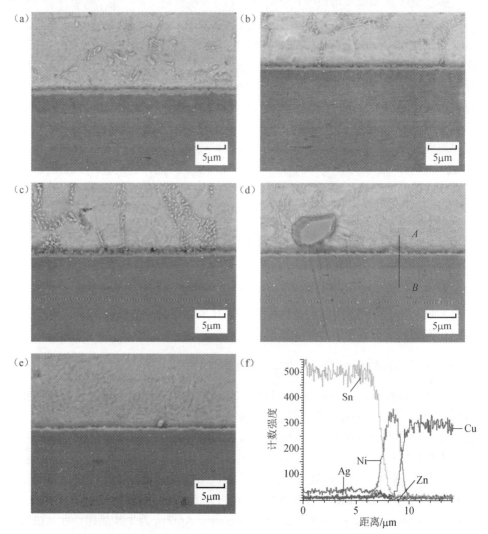

图 4.1　回流焊接后焊点的微观组织：（a）SAC105/Ni/Cu；（b）Sn-1Ag-1Zn/Ni/Cu；
（c）Sn-2Ag-1Zn/Ni/Cu；（d）Sn-2Ag-2.5Zn/Ni/Cu；（e）Sn-1.5Ag-2Zn/Ni/Cu；
（f）图 4.1（d）中 A 到 B 的 EDX 分析结果

4.1.2　150℃下 200h 老化后 Sn-Ag-Zn/Ni/Cu 焊点的微观组织

　　图 4.2 为 150℃下 200h 老化后 Sn-Ag-Zn/Ni/Cu 焊点的微观组织。从图中可以看出，相比回流焊接后的焊点，老化后的焊点界面层没有明显的增厚，说明 Ni 的存在可以有效防止焊料对基板的侵蚀和界面层的生长。此外，老化后 Sn-Ag-Zn/Ni 界面处有少量颗粒状 IMC 生成。使用 10%（体积分数）HNO_3 溶液将 Sn-2Ag-2.5Zn/Ni/Cu 焊点上的焊料溶化可以得到图 4.2（f）所示的界面俯视图，由于界面 IMC 层较薄，焊料溶化过程界面 IMC 层也有部分溶化，露出 Ni 镀层，如图 4.2（f）中点 2 中附近区域。而剩下的 IMC 界面层如点 1 附近区域，通过 EDX 分析（表 4.1）可以看出界面 IMC 层主要为 Ni-Sn IMC，从原子比来看接近 3∶2，但由于 EDX 检测会穿透界面层，使检测结果受到 Ni 镀层的影响，实际界面层可能是

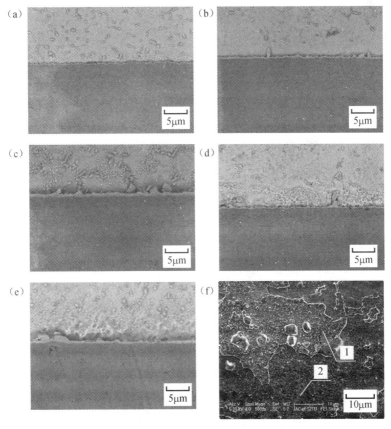

图 4.2　150℃下 200h 老化后焊点的微观组织：（a）SAC105/Ni/Cu；（b）Sn-1Ag-1Zn/Ni/Cu；（c）Sn-2Ag-1Zn/Ni/Cu；（d）Sn-2Ag-2.5Zn/Ni/Cu；（e）Sn-1.5Ag-2Zn/Ni/Cu；（f）Sn-2Ag-2.5Zn/Ni/Cu 焊点界面俯视图

Ni_3Sn_4。3.2 节中提到 Sn-Ag-Zn/Cu 焊点在 Zn 含量大于 2%时，界面 IMC 老化后会由 Cu-Sn IMC 转变为 Cu-Zn IMC。而 Sn-2Ag-2.5Zn/Ni/Cu 界面不同，经过长时间老化后，其界面仍然保持以 Ni-Sn IMC 为主。而从图 4.3 可以看出，界面层上生长的 IMC 相由 Ag 和 Sn 构成，结合 3.2.2 小节的分析可知这些颗粒状 IMC 为 Ag_3Sn。

表 4.1　图 4.2 中的 EDX 分析结果

编号	原子分数/%					物相鉴定
	Sn	Ag	Ni	Cu	Zn	
1	30.47	3.22	47.92	3.50	14.88	$Ni_3Sn_4+\beta_1\text{-NiZn}$
2	0	0	95.82	4.18	0	Ni

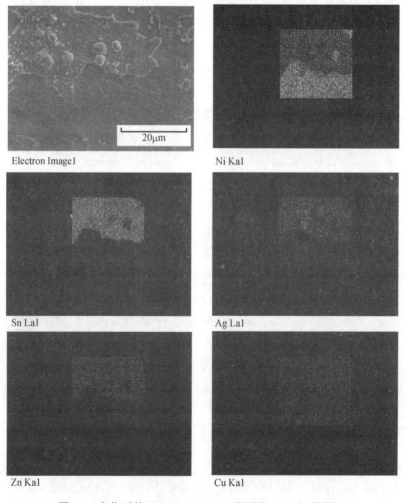

图 4.3　老化后的 Sn-2Ag-2.5Zn/Ni 界面的 EDX 扫描图片

4.1.3　250℃下 4h 回流后 Sn-Ag-Zn/Ni/Cu 焊点的微观组织

图 4.4 为 SAC105/Ni/Cu 和 Sn-2Ag-xZn/Ni/Cu 焊点在 250℃下 4h 回流后的焊点形貌。从图 4.4（a）可以看到，与 SAC105/Cu 焊点不同，SAC105/Ni/Cu 焊点界面没有形成柱条状的 Cu_6Sn_5 IMC，而是形成颗粒状的 IMC［图 4.4（b）］。这些颗粒状 IMC 不仅扩散到几乎整个焊料内部，同时大部分 Cu 基板被焊料溶蚀。通过 EDX 分析（表 4.2）可知，这些 IMC 相为 Cu_6Sn_5 相。形成这种微观组织的原因可能是基板上电镀了 Ni 镀层，在长时间回流焊接中 Ni 镀层发生分解，Ni 进入焊料内部。由于 Ni 的存在会抑制焊点界面生成柱状 IMC 和界面 Cu_6Sn_5 层，因此基板表面无法形成有效的 IMC 固态阻挡层。基板表面始终与液体焊料保持接触，使 Cu 不断溶蚀进入焊料，在液态下扩散进入整个焊料内部，然后在凝固过程中形成颗粒状 Cu_6Sn_5 和 β-Sn 的共晶组织。而从图 4.4（c）中可以看到，Sn-2Ag-1Zn/Ni/Cu 焊点中有柱状的 Cu_6Sn_5 生成。通过图 4.4（d）EDX 分析可以看到 Ni 镀层已经完全消失，焊料中 Ni 均匀分布，没有明显聚集。柱状 Cu_6Sn_5 下方为 Cu_6Sn_5 相与 β-Sn 的混合组织，与 SAC105/Ni/Cu 相似，这部分组织在 250℃可能为液态。在混合组织下方为厚的 Cu_6Sn_5 界面层，这层 Cu_6Sn_5 在 250℃下为固态，阻挡了基板与液态焊料的接触，从而避免了 SAC105/Ni/Cu 中严重的焊料溶蚀基板现象。

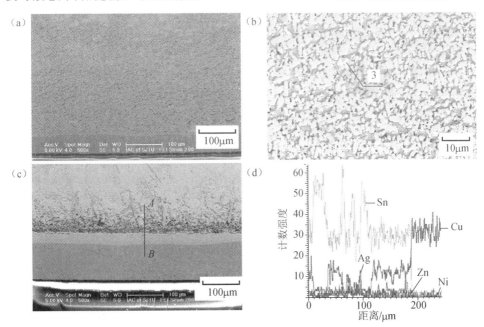

图 4.4　250℃下 4h 回流后焊点的微观组织：（a）、（b）SAC105/Ni/Cu；（c）Sn-2Ag-1Zn/Ni/Cu；
（d）图 4.4（c）中 A 到 B 的 EDX 分析结果；（e）Sn-2Ag-2.5Zn/Ni/Cu；
（f）图 4.4（e）中 A 到 B 的 EDX 分析结果

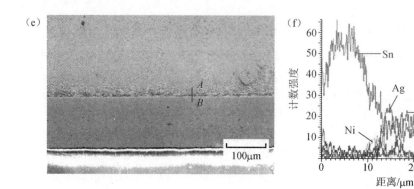

图 4.4（续）

表 4.2　图 4.4 中的 EDX 分析结果

编号	原子分数/%					物相鉴定
	Sn	Ag	Ni	Cu	Zn	
3	51.61	0	0	48.39	0	Cu_6Sn_5+Sn

本次研究中，其他 Sn-xAg-1Zn/Ni/Cu（x=1，3）焊点的微观组织与 Sn-2Ag-1Zn/Ni/Cu 焊点相似。相比之下，Sn-2Ag-2.5Zn/Ni/Cu 焊点的界面层厚度要小得多［图 4.4（e）］。由 EDX 结果［图 4.4（f）］可以看到，微观组织中没有明显的 Ni 镀层，焊点界面上还有 Ni 元素聚集，这说明 Sn-2Ag-2.5Zn 焊料对 Ni 镀层的溶解速率要低于 SAC105 和 Sn-1Ag-1Zn 焊料。富 Ni 层的下方为 Ag_5Zn_8，与 Sn-2Ag-2.5Zn/Cu 焊点不同，Sn-2Ag-2.5Zn/Ni/Cu 焊点界面 Cu_5Zn_8 的上方会有一层 Ag_5Zn_8 聚集，这层 Ag_5Zn_8 的存在可以有效阻挡 Cu 元素向焊料内部扩散，抑制 Cu_5Zn_8 界面层的生长。3.2.1 小节中提到虽然在凝固过程中 Ag_5Zn_8 容易在 Cu_5Zn_8 上形核生长，但是 Sn-2Ag-2.5Zn/Cu 焊点在 250℃长时间回流中没有出现 Ag_5Zn_8 在界面形核生长的现象，由此可见 Ni 元素的存在促进了 Sn-2Ag-2.5Zn/Ni/Cu 焊点界面上 Ag_5Zn_8 的形核生长。

4.2　Sn-Ag-Zn/Ni/Cu 焊点的力学性能

通过 4.1 节的分析可以看到，焊料成分差异导致 Sn-Ag-Zn/Ni/Cu 焊点的微观组织有很大的不同，而微观组织的差异又必然造成力学性能的不同。图 4.5 为 Sn-Ag-Zn/Ni/Cu 焊点的强度，从图中也能看出成分的差异造成焊点强度的不同。下面将结合微观组织的分析来讨论 Sn-Ag-Zn/Ni/Cu 焊点的力学性能。

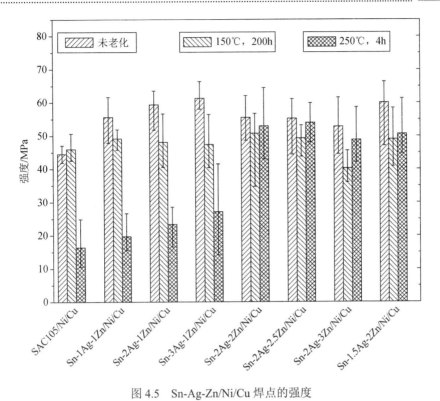

图 4.5 Sn-Ag-Zn/Ni/Cu 焊点的强度

4.2.1 回流焊接后 Sn-Ag-Zn/Ni/Cu 焊点的力学性能

从图 4.5 中可以看到，相比 SAC105/Cu 焊点，SAC105/Ni/Cu 焊点强度略有下降，但变化不大。图 4.6 为回流焊接后的焊点断面形貌图，从图 4.6（c）中可以看到 Sn-3Ag-1Zn/Ni/Cu 焊点有很好的塑性，断面呈塑性变形撕裂形貌。而相比 Sn-xAg-1Zn/Cu 焊点，Sn-xAg-1Zn/Ni/Cu 焊点强度则大有上升。3.2.1 小节中提到 Sn-xAg-1Zn/Cu 焊点强度较低的原因是界面处生成了由细小的 Cu_5Zn_8 和 Cu_6Sn_5 相组成的比较厚的界面层，而这个界面层比较脆弱，容易断裂。Sn-xAg-1Zn/Ni/Cu 焊点的界面层为很薄的 Ni_3Sn_4。从图 4.6（d）中可以看到，Sn-2Ag-2Zn/Ni/Cu 焊点的断面位于焊料内部，说明焊点界面的强度要高于焊料本身的强度，焊点的强度取决于焊料强度。而 2.4.1 小节中提到 Sn-xAg-1Zn 焊料的强度随着 Ag 含量升高而提高，因此 Sn-3Ag-1Zn 焊料有较高的强度，Sn-xAg-1Zn/Ni/Cu 焊点中 Sn-3Ag-1Zn/Ni/Cu 焊点有最高的强度。与 Sn-2Ag-xZn/Cu 焊点不同，Sn-2Ag-xZn/Ni/Cu 焊点中 Zn 含量提高到 2%以上时焊点的强度反而有所下降。对比图 4.6（a）和（b）可以看到，Sn-2Ag-2Zn/Ni/Cu 焊点中的孔洞要多于 Sn-3Ag-1Zn/Ni/Cu 焊点。3.1 节中提到焊料润湿性能差将导致焊点中焊接缺陷的产生，因此当 Zn 含量大于 2%时，Sn-2Ag-xZn/Ni/Cu 焊点强度较低很可能是由润湿性能较差导致的。对比第 3 章可以看到，这些焊点的强度与 Sn-Ag-Zn/Cu 焊点的强度十分接近。同样地，与 Sn-Ag-Zn/Cu 焊点相似，在 Sn-Ag-Zn/Ni/Cu 焊点中，Sn-1.5Ag-2Zn/Ni/Cu 焊点在回流焊接后有比较高的强度，4.1.1 小节中提到（图 4.1）Sn-2Ag-2.5Zn/Ni/Cu 焊点中由于 Ag、Zn 含量比较高，焊点中会形成先共晶 Ag_5Zn_8 和树枝状β-Sn，Sn-1.5Ag-2Zn/Ni/Cu 焊点中很少出现这一现象，焊料微观组织由均匀细密的 ζ-AgZn+β-Sn 共晶组织组成，因此焊料具有较高的强度。

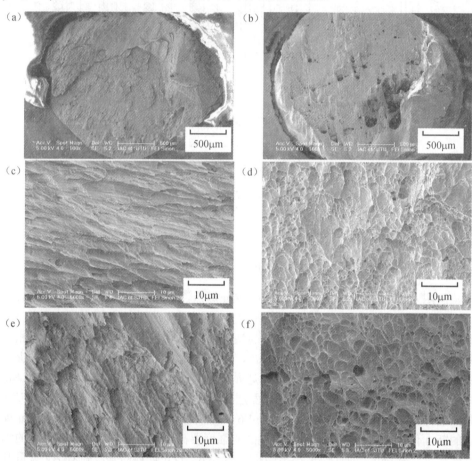

图 4.6 回流焊接后的焊点断面形貌：(a)、(c) Sn-3Ag-1Zn/Ni/Cu；(b)、(d) Sn-2Ag-2Zn/Ni/Cu；(e) Sn-2Ag-2.5Zn/Ni/Cu；(f) Sn-1.5Ag-2Zn/Ni/Cu

图 4.7 (a) 为焊点的位移-受力曲线。从图中可以看出，SAC105/Ni/Cu 焊点有最好的塑性，而 Sn-3Ag-1Zn/Ni/Cu、Sn-1.5Ag-2Zn/Ni/Cu 和 Sn-2Ag-2.5Zn/Ni/Cu

3 种强度最高的焊点塑性相近。而从图 4.7（b）可以看出，虽然 SAC105/Ni/Cu 焊点塑性最好，但是由于强度较低，断裂过程中消耗的能量较少，韧性较差；Sn-3Ag-1Zn/Ni/Cu/Ni/Cu 和 Sn-1.5Ag-2Zn/Ni/Cu/Ni/Cu 的焊点强度和塑性相近，断裂过程中吸收的能量相近，韧性相似；而由于 Sn-2Ag-2.5Zn/Ni/Cu 焊点强度低于 Sn-1.5Ag-2Zn/Ni/Cu 和 Sn-3Ag-1Zn/Ni/Cu 焊点，因此韧性稍差。相比 Sn-Ag-Zn/Cu 焊点［图 3.16（b）］，Sn-Ag-Zn/Ni/Cu 焊点的韧性有所提升。

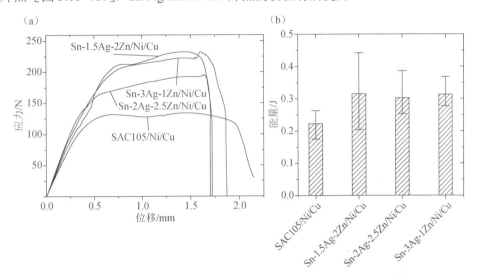

图 4.7　回流后焊点的力学性能：（a）位移-受力曲线；（b）焊点断裂消耗的能量

4.2.2　150℃下 200h 老化后 Sn-Ag-Zn/Ni/Cu 焊点的力学性能

从图 4.5 中可以看出，SAC105/Ni/Cu 焊点在 150℃下 200h 老化后焊点强度略有上升，略高于 SAC105/Cu 焊点，总体来说变化不大。从图 4.8（a）中可以看出，焊点断裂位置依然位于焊料内部，因此焊点强度还是取决于焊料强度。同样由于 SAC105 焊料硬度较低，塑性较好，断面呈塑性变形撕裂形貌。而 Sn-xAg-1Zn/Ni/Cu 焊点的强度在老化后下降较多。从图 4.8（b）中可以看到，Sn-2Ag-1Zn/Ni/Cu 焊点断口出现解理断裂形貌（点 4）。通过对该处的 EDX 分析（表 4.3）可知，此处断裂发生在焊点界面上。4.1.2 小节中提到过在老化过程中，Sn-Ag-Zn/Ni 界面处会形成 Ag_3Sn 相，这一现象可能造成焊点界面强度的下降。而第 2 章中提到 Sn-xAg-1Zn 焊料内部有 Ag_3Sn 存在，其含量随着焊料中 Ag 含量的升高而升高。因此在老化过程中高 Ag 含量的焊料制备的焊点更容易形成 Ag_3Sn 相，所以相比其他 Sn-xAg-1Zn/Ni/Cu 焊点，Sn-3Ag-1Zn/Ni/Cu 焊点强度下降最多。总体来说，Sn-Ag-Zn/Ni/Cu 焊点强度的下降相比 Sn-Ag-Zn/Cu 焊点降幅要小，焊点强度依然高于 SAC105/Ni/Cu 焊点。相对而言，Sn-2Ag-2Zn/Ni/Cu 和 Sn-2Ag-2.5Zn/Ni 焊点在老化后焊点强度下降不多。从断口形貌［图 4.8（c）］来看，Sn-2Ag-2.5Zn/Ni 焊点的断裂主要发生在焊点内部，强度下降可能由于老化过程中焊点微观组织中共晶组织发生回火球化［图 4.2（d）］。

Sn-1.5Ag-2Zn/Ni/Cu 焊点的强度在老化后下降较多，从图 4.8（d）中可以看到，焊点断裂同样是以焊料断裂为主。从图 4.2（e）中可以看到，回火以后焊点细密的共晶组织发生球化，其微观组织与老化后的 Sn-2Ag-2.5Zn/Ni 焊点相似，因此这两种焊点老化后的焊点强度也十分接近。

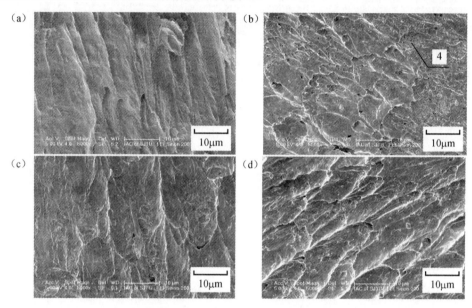

图 4.8　150℃下 200h 老化后的焊点断口形貌：（a）SAC105/Ni/Cu；（b）Sn-2Ag-1Zn/Ni/Cu；（c）Sn-2Ag-2.5Zn/Ni/Cu；（d）Sn-1.5Ag-2Zn/Ni/Cu

表 4.3　图 4.8 中 EDX 分析结果

编号	原子分数/%					物相鉴定
	Sn	Ag	Ni	Cu	Zn	
4	39.85	0	43.52	0	16.63	$Ni_3Sn_4 + \beta_1\text{-NiZn}$

图 4.9（a）所示为 150℃下 200h 老化后焊点的力学性能。对比图 4.7 可以看出，经过老化后 SAC105/Ni/Cu 焊点的塑性下降比较多，而 Sn-Ag-Zn/Ni/Cu 焊点的塑性变化不大。通过图 4.9（b）可以看到，由于 Sn-1.5Ag-2Zn/Ni/Cu 和 Sn-3Ag-1Zn/Ni/Cu 焊点老化后强度下降比较多，焊点断裂吸收的能量较少，焊点的韧性较差。相比而言，Sn-2Ag-2.5Zn/Ni/Cu 焊点在老化后有较好的韧性。

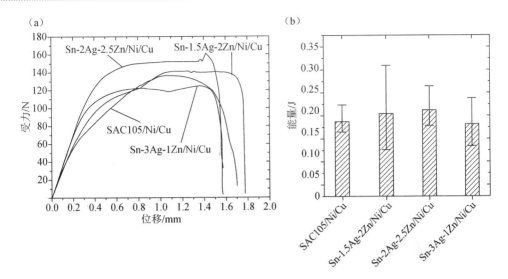

图 4.9　150℃下 200h 老化后焊点的力学性能：（a）位移-受力曲线；（b）焊点断裂消耗的能量

4.2.3　250℃下 4h 回流后 Sn-Ag-Zn/Ni/Cu 焊点的力学性能

由于经过长时间的回流，焊点界面处的 Ni 镀层被溶蚀，因此焊点强度的变化规律与 Cu 基板上焊点强度的变化规律相近。对于 SAC105/Ni/Cu 焊点和 Sn-xAg-1Zn/Ni/Cu 焊点，由于焊料侵蚀基板和形成较厚的 Cu_6Sn_5 界面 IMC 层，焊点断裂发生在 Cu_6Sn_5/Cu 界面处 ［图 4.10（a）和（b）］，最后得到的焊点强度与 SAC105/Cu 和 Sn-xAg-1Zn/Cu 焊点强度十分接近。而相对 Zn 含量高于 2% 的 Sn-Ag-Zn/Ni/Cu 焊点，4.1.3 小节中提到 Ni 的存在使界面层生成 Ag_5Zn_8+Cu_5Zn_8 双层结构，并且 3.3 节中提到 Ag_5Zn_8 和 Cu_5Zn_8 与焊料和基板之间的界面有较高的结合强度，因此，焊点的断裂同样发生在焊料内部 ［图 4.10（c）和（d）］。

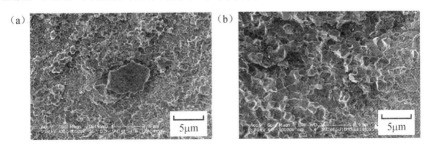

图 4.10　250℃下 4h 回流后焊点的断口形貌：（a）SAC105/Ni/Cu；（b）Sn-2Ag-1Zn/Ni/Cu；
　　　　　（c）Sn-2Ag-2.5Zn/Ni/Cu；（d）Sn-1.5Ag-2Zn/Ni/Cu

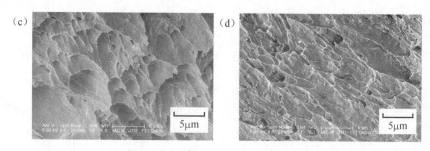

图 4.10（续）

同样从图 4.11 中可以看到，由于 SAC105/Ni/Cu 和 Sn-3Ag-1Zn/Ni/Cu 焊点断裂发生在焊点界面，为脆性断裂，焊点塑性差、强度低，因此韧性极差。而 Sn-1.5Ag-2Zn/Ni/Cu 和 Sn-2Ag-2.5Zn/Ni/Cu 焊点断裂发生于焊料内部，属于塑形断裂，断裂过程中变形大、强度高，在长时间回流后 Sn-2Ag-2.5Zn/Ni/Cu 焊点的强度较高，因此该焊点有最好的韧性。

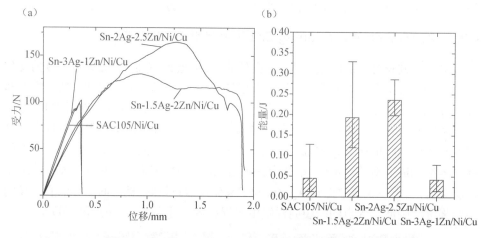

图 4.11　250℃下 4h 回流后焊点的力学性能：（a）位移-受力曲线；（b）焊点断裂消耗的能量

4.3　本 章 小 结

本章讨论了低 Ag 含量 Sn-Ag-Zn/Ni/Cu 焊点的微观组织和力学性能，得出的结论如下。

1）回流焊接以后 Sn-Ag-Zn/Ni/Cu 焊点界面形成一层很薄的 Ni-Sn IMC 层，由于 Sn-xAg-1Zn 焊料有良好的润湿性，同时 Sn-xAg-1Zn/Ni/Cu 焊点中不会出现类似 Sn-xAg-1Zn/Cu 焊点中的脆性界面（详见 3.3.1 小节），因此 Sn-xAg-1Zn/Ni/Cu

焊点在回流焊接后有较好的强度和塑性。另外，在 Sn-1.5Ag-2Zn/Ni/Cu 焊点中，共晶组织更加均匀细致，因此 Sn-1.5Ag-2Zn/Ni/Cu 焊点回流后也有较高的强度和塑性。相比 Sn-Ag-Zn/Cu 焊点，Sn-Ag-Zn/Ni/Cu 焊点具有更好的韧性。

2）150℃下 200h 老化后，焊点中 Ni-Sn IMC 层没有明显的增厚，Ni 镀层保持完整，由此可以看出 Ni 镀层可以有效阻挡 Sn-Ag-Zn 焊料对 Cu 基板的侵蚀。Sn-xAg-1Zn 焊料在老化后强度降低比较多，特别是高 Ag 含量焊料，而焊料中 Zn 含量大于 2%时焊点强度下降较少。这一现象可能是由于老化过程中界面上形成 Ag$_3$Sn IMC 相，而 Sn-xAg-1Zn 焊料中存在 Ag$_3$Sn 相，因此 Sn-xAg-1Zn/Ni/Cu 焊点更有利于界面 Ag$_3$Sn 相的生长。

3）250℃下 4h 回流后，SAC105/Ni/Cu 焊点中的 Ni 镀层熔化，Ni 元素的存在使焊点界面无法形成厚的 IMC 阻挡层，因此液态焊料保持与 Cu 基板接触，发生严重的溶蚀现象。而 Sn-xAg-1Zn/Ni/Cu 焊点也发生溶蚀现象，但由于焊点还能形成较厚的 Cu$_6$Sn$_5$ 阻挡层，溶蚀现象相对较轻。当焊点中焊料的 Zn 含量大于 2%后，焊点界面仍保持较高的 Ni 浓度，说明 Ni 在这些焊料中溶蚀扩散的速度较慢。焊点在回流过程中会形成 Ag$_5$Zn$_8$+Cu$_5$Zn$_8$ 界面结构，可有效阻挡 Cu 元素向焊料内部扩散。总体来说，虽然微观组织有较大变化，但由于断裂机理相同，因此该实验条件下 Sn-Ag-Zn/Ni/Cu 焊点强度与 Sn-Ag-Zn/Cu 焊点强度相近，变化趋势相同。

5

第四组元对 Sn-Ag-Zn 系焊料性能的影响

第 3 章中提到，虽然 Sn-Ag-Zn 系焊料可以通过优化焊料配比来解决低 Ag 含量焊料熔融性能和力学性能变差的现象，但是又带来两个问题：①润湿性能变差；②焊料在高温下侵蚀 Cu 焊盘。第 4 章中讨论了采用基板镀 Ni 的方法来解决高温环境下 Sn-Ag-Zn 焊料侵蚀 Cu 基板的问题，由于 Sn-Ag-Zn 系焊料对 Ni 镀层的侵蚀极小，同时高温器件也常使用镀 Ni 的方法来保护导体层及焊盘，这给高温环境下 Sn-Ag-Zn 系焊料侵蚀 Cu 焊盘的问题提供了一个解决方案。另外，低 Ag 含量 Sn-Ag-Zn 系焊料润湿性能差的问题将导致焊接缺陷的产生。若不解决这一问题，低 Ag 含量 Sn-Ag-Zn 系焊料将无法实用化。本章将讨论通过在焊料中加入第四组元的方法来提高焊料的润湿性能。具体操作为选取 Cr、Cu、Ni 作为掺杂元素，其中 Cu、Ni 与 Sn 有良好的固溶度，可以使用直接熔炼的方法，在 600℃下使焊料合金达到成分均匀，而 Cr 在 Sn 中的固溶度低，且不与 Sn 形成稳定的 IMC，因此 Cr 的掺杂使用了中间合金法。即在 1200℃下先制备 Sn-0.1Cr 中间合金，然后加入 Sn、Ag、Zn，在 600℃下熔炼均匀。参考相关文献[76]，3 种元素的加入量如下：Cu 为 0.1%、0.3%、0.5%；Ni 为 0.1%、0.3%；Cr 为 0.05%、0.1%。通过对改进后的焊料进行系统研究，确定第四组元的效果和优化配比。

5.1 第四组元对焊料润湿性能的影响

图 5.1 为掺杂后的 Sn-2Ag-2.5Zn-X 焊料对 Cu 焊盘的润湿性能。从图中可以看出，在掺入 Cr、Cu、Ni 3 种元素后焊料的润湿性能都有明显的提升。其中 Cr 的添加对润湿性能的改善最明显，添加 0.1%Cr 后焊料的润湿性能要优于添加 0.3%Cu 的焊料的润湿性能。而焊料中的 Cu 含量添加达到 0.5%以后焊料的润湿性能将超过 SAC105 焊料，而略低于 SAC305 焊料。而 Ni 的添加对焊料润湿性能的提升效果较小，添加 0.1%Ni 后焊料的润湿性能仍略小于 Sn-9Zn 焊料，而添加 0.3%Ni 后焊料的润湿性能与添加 0.05% Cr 后焊料的润湿性能相当。

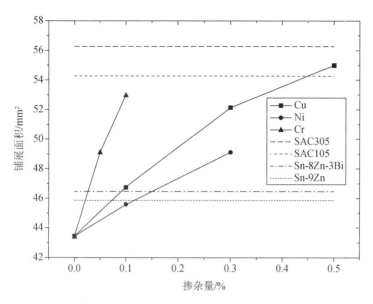

图 5.1　掺杂后的 Sn-2Ag-2.5Zn-X 焊料的润湿性能

5.2　第四组元对焊料微观组织和力学性能的影响

通过 5.1 节的润湿性能测试可以看到，虽然第四组元的添加对润湿性能有很大的改善，但是由于各元素可能会在焊料中造成偏析从而对焊料性能造成不利影响，因此下面将对焊料的微观组织和力学性能进行研究，以此来确定各成分的适当添加量。

5.2.1　Cu 对焊料微观组织和力学性能的影响

图 5.2 为掺杂后 Sn-2Ag-2.5Zn-xCu 焊料的微观组织，从图 5.2（a）和（b）可以看到，Sn-2Ag-2.5Zn 焊料中加入 0.1%Cu 以后焊料微观组织仍然是大块 β-Sn+ζ-AgZn 共晶族中间析出连续β-Sn 界面的形貌。但是相比 Sn-2Ag-2.5Zn 焊料共晶族要大得多，共晶族尺寸大多在 100μm 以上。而从图 5.2（c）和（d）可以看到，随着 Cu 含量提高到 0.3%，焊料的微观组织不再呈现出大块的β-Sn+ ζ-AgZn 共晶族，焊料中出现先共晶 IMC 相，而先共晶相周围有β-Sn 生长，共晶组织与β-Sn 混合生长，没有明显的界线。而 Cu 焊料提升到 0.5%后，焊料中的先共晶相进一步增加，并开始呈树枝状生长 [图 5.2（e）和（f）]。从表 5.1 所示的 EDX 分析 [图 5.2（d）中点 1 位置] 可以看出，Sn-2Ag-2.5Zn-0.3Cu 焊料中的先共晶 IMC

相由 Ag、Cu、Zn 组成,其中原子比例(Ag+Cu):Zn 接近 5:8,由于 Ag_5Zn_8 和 Cu_5Zn_8 为完全互溶相,因此可以判断这里生成的 IMC 相为 $(Ag,Cu)_5Zn_8$ 相。

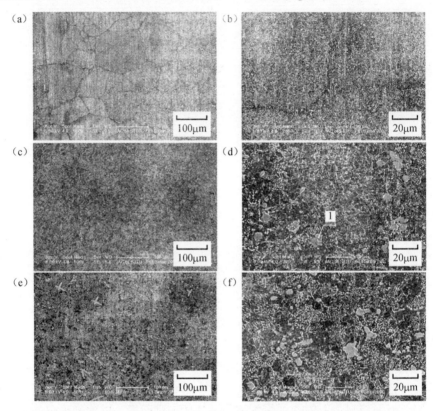

图 5.2 Sn-2Ag-2.5Zn-xCu 焊料的微观组织:(a)、(b) Sn-2Ag-2.5Zn-0.1Cu;
(c)、(d) Sn-2Ag-2.5Zn-0.3Cu;(e)、(f) Sn-2Ag-2.5Zn-0.5Cu

表 5.1 图 5.2 中的 EDX 分析结果

编号	原子分数/%						物相鉴定
	Sn	Ag	Cu	Zn	Ni	Cr	
1	0	11.62	26.27	62.11	0	0	$(Ag,Cu)_5Zn_8$

图 5.3 为 Sn-2Ag-2.5Zn-xCu 焊料的拉伸性能。从图中可以看出,虽然添加 0.1%Cu 以后焊料强度有略有上升,但塑性出现大幅下降。从微观组织来看,由于共晶族尺寸增大,塑性良好的 β-Sn 界面减少,会造成强度的提高和塑性的下降。而 Cu 含量达到 0.3%时,焊料中开始出现先共晶 $(Ag,Cu)_5Zn_8$,由于 IMC 相的出现会造成材料的脆性,此时焊料的强度和塑性都开始下降。而 Cu 含量增加至 0.5%

时，焊料中的 IMC 相进一步增加，由于 IMC 相的增加会消耗焊料中的 Ag、Cu 和 Zn，焊料中的β-Sn 相增加，因此焊料的塑性略有上升但是强度进一步下降。

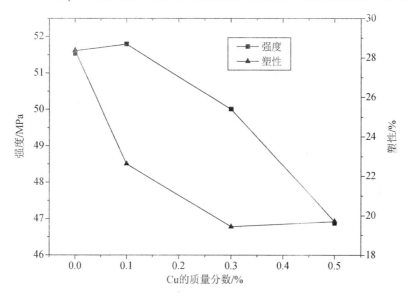

图 5.3 Sn-2Ag-2.5Zn-xCu 焊料的拉伸性能

　　总体来说，虽然添加 Cu 可以有效提高 Sn-Ag-Zn 焊料的润湿性能，但是 Cu 容易与 Zn 发生反应生成(Ag,Cu)$_5$Zn$_8$ IMC 相，并引起焊料强度和塑性的下降。此外，2.2 节中提到先共晶相的生成也容易使焊料的液相线上升，熔融性能下降。为了避免生成(Ag,Cu)$_5$Zn$_8$ IMC 相，后面仅采用 Sn-2Ag-2.5Zn-0.1Cu 焊料进一步研究。

5.2.2 Ni 对焊料微观组织和力学性能的影响

　　图 5.4 为 Sn-2Ag-2.5Zn-xNi 焊料的微观组织。从图 5.4（a）和（b）可以看到，Sn-2Ag-2.5Zn-0.1Ni 焊料的微观组织主要由细密的共晶组织组成。从表 5.2 所示 EDX 分析［图 5.4（b）中区域 2］可以看到，这些共晶组织中 Ag、Zn 比例接近 1：1，因此可以判断这些共晶组织为ζ-AgZn+β-Sn 共晶。此外，焊料中还出现小块树枝状 IMC 相，且包裹这些 IMC 相的区域中出现比较稀疏的共晶组织。通过 EDX 分析可以知道这些 IMC 相为γ-AgZn 相，而包裹这些 IMC 的共晶组织为 γ-AgZn+β-Sn。第 2 章中提到，虽然在理论分析中 Sn-2Ag-2.5Zn 焊料会发生 γ-AgZn+β-Sn 二元共晶，但实际凝固过程中由于γ-AgZn+β-Sn 共晶量较少，γ-AgZn 和β-Sn 会发生共晶离异现象，γ-AgZn 和β-Sn 分离开各自生长。这里出现 γ-AgZn+β-Sn 二元共晶组织可能是由于 Ni 的存在抑制了γ-AgZn IMC 相的生长。2.5.2 小节中提到γ-AgZn 相通常呈六棱柱状生长，只有在发生γ-AgZn 向ε-AgZn 转

变时才由六棱柱状转变为雪花状枝晶。这里 Ni 的存在抑制了某些方向γ-AgZn 的生长，因此γ-AgZn 呈树枝状生长。由于γ-AgZn IMC 相的生长受到限制，剩余的 Ag、Zn 元素另外形核生长，于是形成γ-AgZn+β-Sn 二元共晶。此外，由于凝固前期析出相成分的变化，在凝固后期液相成分也发生变化，使焊料不再由共晶族界面析出连续的β-Sn，微观组织接近 Sn-2Ag-2Zn 焊料。

而继续加入 Ni 至 0.3%时，焊料中有较小的 IMC 相出现，如图 5.4（c）和（d）所示。从表 5.2 所示 EDX 分析［图 5.4（d）5 点］可以看出，这些 IMC 相中 Ni、Zn 含量接近 1∶1，由此可以判断这些 IMC 相为β₁-NiZn[108]。而此时焊料中没有发现明显的γ-AgZn 相。虽然不如 Sn-2Ag-2.5Zn 焊料明显，但γ-AgZn+β-Sn 共晶族间再次出现连续的β-Sn 界面。

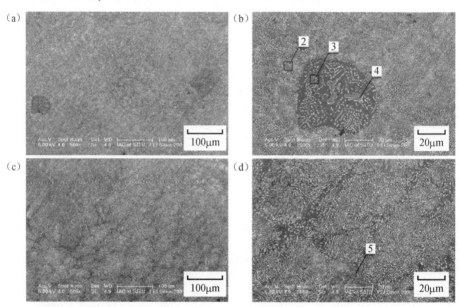

图 5.4　Sn-2Ag-2.5Zn-*x*Ni 焊料的微观组织：（a）、（b）Sn-2Ag-2.5Zn-0.1Ni；
（c）、（d）Sn-2Ag-2.5Zn-0.3Ni

表 5.2　图 5.4 中的 EDX 分析结果

编号	原子分数/%						物相鉴定
	Sn	Ag	Cu	Zn	Ni	Cr	
2	94.98	2.81	0	2.21			ζ-AgZn + β-Sn
3	89.44	3.91	0	6.65	0	0	γ-AgZn + β-Sn
4	7.89	35.74	0	56.36	0	0	γ-AgZn
5	54.17	0	0	22.17	23.66	0	β₁ - NiZn+ β-Sn

图 5.5 为 Sn-2Ag-2.5Zn-xNi 焊料的拉伸性能。从图中可以看到，加入 0.1%Ni 后焊料出现了明显的硬化。从微观组织中可以看到，此时焊料中共晶族间不再存在塑性良好的β-Sn 界面，由于界面强化的效果，焊料的强度将有所提高，而塑性将会下降。而当 Ni 含量提高到 0.3%时，共晶族之间再次出现少量连续的β-Sn 界面，使焊料软化，硬度下降而塑性提高。但由于此时焊料中形成β₁-NiZn IMC 相，这些 IMC 相可能造成焊料力学性能的下降，因此焊料的塑性提升不大。为了避免成分偏析对焊料熔融性能和力学性能造成影响，后面仅采用 Sn-2Ag-2.5Zn-0.1Ni 进行研究。

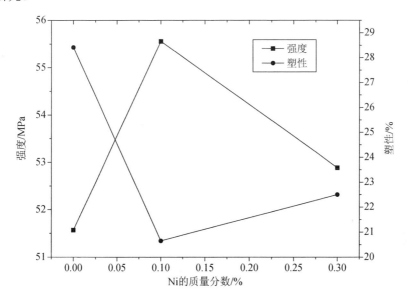

图 5.5　Sn-2Ag-2.5Zn-xNi 焊料的拉伸性能

5.2.3　Cr 对焊料微观组织和力学性能的影响

图 5.6 为 Sn-2Ag-2.5Zn-xCr 焊料的微观组织。从图 5.6（a）和（b）可以看出，加入 0.05%Cr 后焊料中的共晶族不再像 Sn-2Ag-2.5Zn 焊料一样明显，但也可以看到在共晶族之间有β-Sn 界面产生。此外焊料中出现 IMC 相，从表 5.3 所示 EDX 分析［图 5.6（b）中点 6］可以看出 IMC 相为γ-AgZn 相。与 Sn-Ag-Zn 系焊料中先共晶γ-AgZn 相形貌不同，这里γ-AgZn 相呈不规则形貌生长，这可能是由于 Cr 原子的吸附使γ-AgZn 相的生长呈现各相异性。而 Cr 加入量达到 0.1%时焊料中的 γ-AgZn 相消失，焊料微观组织再次呈现明显的等轴状共晶族相，其间有连续的 β-Sn 界面。从图 5.6（d）中可以看到，焊料中有少量的条状富 Cr 相析出。从二元相图来看，Cr 不与 Sn 形成稳定的 IMC[109]，而 Cr 与 Zn 会形成 Zn₁₃Cr 和 Zn₁₇Cr 两

种 IMC[110]。此处析出的富 Cr 相中 Zn 含量较少，由此判断可能由纯 Cr 和少量 $Zn_{13}Cr$ 组成。与 Sn-Zn 系统加入 Cr 的情况不同，在 Sn-8Zn-3Bi 焊料中加入 0.1%Cr 后形成的是颗粒状的 Sn-Cr 和 Zn-Cr IMC，不会形成条状析出相[图5.6(e)]。而提升 Sn-Ag-Zn 系焊料中的 Zn 含量至 4%，再添加 0.1%的 Cr 后可以看到微观组织中不再存在条状富 Cr 相，说明 Zn 含量的提高有利于 Cr 的熔融 [图5.6（f）]。

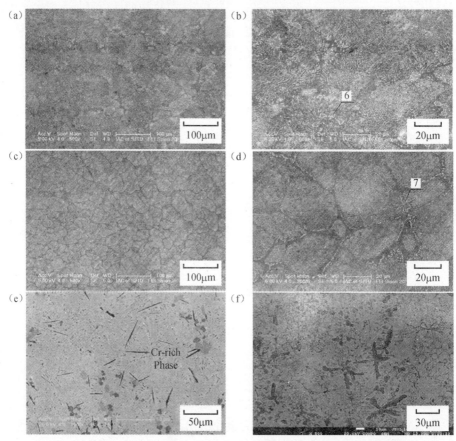

图 5.6　Sn-2Ag-2.5Zn-xCr 焊料的微观组织：（a）、（b）Sn-2Ag-2.5Zn-0.05Cr；（c）、（d）Sn-2Ag-2.5Zn-0.1Cr；（e）Sn-8Zn-3Bi-0.1Cr；（f）Sn-2Ag-4Zn-0.1Cr

表 5.3　图 5.6 中 EDX 分析结果

编号	原子分数/%						物相鉴定
	Sn	Ag	Cu	Zn	Ni	Cr	
6	3.52	39.28	0	59.21	0	0	γ-AgZn
7	88.81	0	0	3.63	0	7.56	$Cr+Zn_{13}Cr+\beta$-Sn

图 5.7 为 Sn-2Ag-2.5Zn-xCr 焊料的拉伸性能，与添加 Ni 相反，添加 0.05%Cr 后焊料出现了软化效果，焊料的塑性上升但是强度下降。从微观组织来看，添加 Cr 后共晶族间的 β-Sn+ε-AgZn 共晶不再明显，因此焊料的软化可能是由 ε-AgZn 相的减少造成的。当 Cr 的添加量达到 0.1%时，焊料的强度再次上升而塑性下降。从微观组织来看，其原因是焊料中出现了条状的富 Cr 相。虽然在二维照片中呈条状，但是其三维空间形貌可能是片状组织。片状的 IMC 相可能带来第二相强化效果，使焊料的强度上升、塑性下降。在对 Sn-Zn-Bi 系焊料中添加 Cr 的研究中发现，添加 0.1%Cr 可以有效提升焊料的力学性能，但是在 Sn-2Ag-2.5Zn 焊料中添加 0.1%Cr 却会造成富 Cr 相的析出。从 Zn-Cr 二元相图来看[110]，之所以 Sn-Zn 体系中不会出现 Cr 的偏析，是因为 Zn 与 Cr 会发生共晶反应，降低了 Cr 的熔融温度，使其在熔炼过程中均匀化。为了避免成分偏析，后面仅采用 Sn-2Ag-2.5Zn-0.05Cr 焊料进行研究。

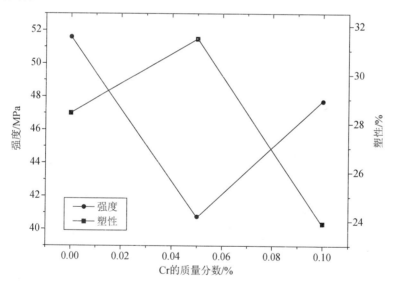

图 5.7　Sn-2Ag-2.5Zn-xCr 焊料的拉伸性能

5.3　第四组元对 Sn-Ag-Zn/Cu 焊点强度的影响

图 5.8 为添加第四组元后 Sn-2Ag-2.5Zn-X/Cu 焊点的强度。从图中可以看出，回流焊接后未老化的 Sn-2Ag-2.5Zn-X/Cu 焊点强度均有所提高。

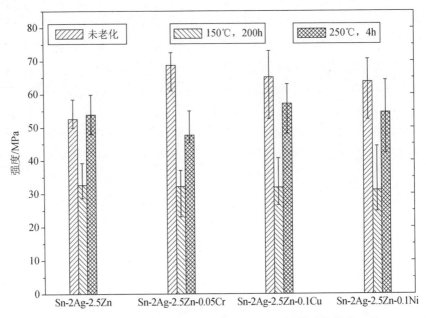

图 5.8　添加第四组元后 Sn-2Ag-2.5Zn-*X*/Cu 焊点的强度

　　图 5.9 为回流焊接后 Sn-2Ag-2.5Zn-*X*/Cu 焊点的断面形貌。从图中可以看出，添加 Cr 和 Cu 以后焊点具有良好的润湿性能，使焊点中焊接缺陷减少，且具有良好的强度。而添加 Ni 以后，焊料的润湿性能也有所改善，虽然焊点断面还能观察到一些焊接缺陷，但是由于添加 Ni 以后焊料强度有所提高，而焊点的断裂方式是由焊料内部断裂的，因此焊点的强度也有所提升。

　　通常焊料的润湿性能取决于液态焊料自身的表面张力、焊料与基板的亲和力和焊盘表面的粗糙度。对于含 Zn 的无铅焊料，通常 Zn 的加入会使焊料的润湿性能下降，而以往学者认为润湿性能下降的主要原因是 Zn 的氧化引起液态焊料表面张力上升[29]。但在本次研究过程中发现，界面反应在润湿性能中也扮演了重要角色。从图 3.6（b）中可以看出 Sn-2Ag-2.5Zn/Cu 焊点在焊接过程中会在焊盘表面形成 Ag_5Zn_8 界面 IMC，由于界面 IMC 熔点较高，因此可能在焊接初期焊料还未完全铺展时就已经形成。由于界面 Ag_5Zn_8 呈颗粒状生长，因此会使界面粗糙度变差、润湿性能下降。此外，界面 Ag_5Zn_8 IMC 的形成可能会使液态焊料与焊盘表面的亲和性变差。对比图 3.1 可以看到，相比 Sn-2Ag-2Zn 焊料，Sn-9Zn 焊料中的 Zn 含量更高，因此 Sn-9Zn 焊料在焊接时 Zn 的氧化要更为严重，但 Sn-9Zn 焊料的润湿性能却要高于 Sn-2Ag-2.5Zn 焊料。其焊接过程中的一个主要差别在于 Sn-9Zn/Cu 焊点界面形成的主要是 Cu_5Zn_8 界面 IMC，而 Sn-2Ag-2.5Zn/Cu 界面形成的主要是 Ag_5Zn_8 界面 IMC。因此存在 Cu_5Zn_8 对于液态焊料的亲和力优于 Ag_5Zn_8 的可能性。

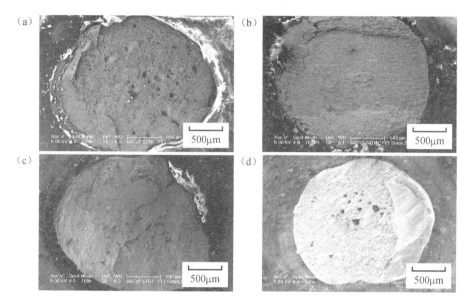

图 5.9　回流焊接后 Sn-2Ag-2.5Zn-X/Cu 焊点的断面形貌：（a）Sn-2Ag-2.5Zn；
（b）Sn-2Ag-2.5Zn-0.05Cr；（c）Sn-2Ag-2.5Zn-0.1Cu；（d）Sn-2Ag-2.5Zn-0.1Ni

图 5.10（a）为添加 0.1%Cu 后焊点的微观组织。通过界面 EDX 分析 [图 5.10（b）] 可知，此时界面 IMC 由 Ag_5Zn_8 和 Cu_5Zn_8 组成，与 Sn-2Ag-2.5Zn/Cu 界面相似 [图 3.6（d）]。而添加 Cu 会使润湿性能上升，该现象可能是由于 Cu 添加焊料后将改进焊料与 Cu 焊盘之间的润湿性能，如 Sn-Ag-Cu 焊料对 Cu 基板的润湿性能明显优于 Sn-Ag 焊料。

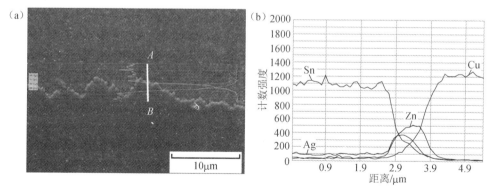

图 5.10　回流焊接后 Sn-2Ag-2.5Zn-0.1Cu/Cu 焊点的微观组织（a）和图（a）中 A 到 B 的 EDX 分析（b）

图 5.11（a）为添加 0.05%Cr 后焊点的微观组织。对比图 5.10 可以看到，此时界面反应及其产物有了很大改变。从图 5.11（b）中可以看出，在界面处不再有

Ag 元素聚集。由此可见，界面处不再形成 Ag_5Zn_8 IMC，仅有一层 Cu-Zn IMC 存在，同时界面层更薄。这一现象说明 Cr 的加入极大地抑制了界面 Ag_5Zn_8 的形成，该现象还使界面粗糙度获得改善，从而改善了焊料的润湿性能。此外，界面 IMC 由 Ag-Zn IMC 改变为 Cu-Zn IMC 也可能是润湿性能改善的另一个原因。

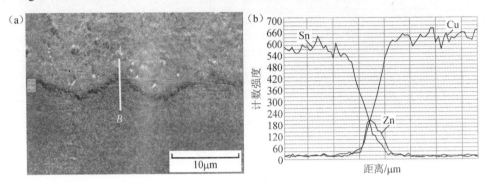

图 5.11　回流焊接后 Sn-2Ag-2.5Zn-0.05Cr/Cu 焊点的微观组织（a）和图（a）中 A 到 B 的 EDX 分析（b）

图 5.12（a）为添加 0.1%Ni 后焊点的微观组织。同样从图 5.12（b）可以看到，加入 Ni 后焊点界面也不再有 Ag 元素富集，这表明加入 Ni 后同样能够抑制 Ag_5Zn_8 界面 IMC 形成。但与加入 Cr 不同的是，加入 Ni 后在焊点界面处形成了方形的 IMC 颗粒。通过 EDX 分析［图 5.12（b）］可知，该处主要是由 Sn、Ni 和 Zn 组成，由于该 IMC 颗粒较小，EDX 分析可能穿透 IMC 颗粒，因此判断此处的 Sn 可能是由于 X 射线穿透 IMC 颗粒后形成的背底信号，而该处的 IMC 颗粒为 Ni-Zn IMC 颗粒。对比润湿性能分析可知，虽然添加 Ni 后焊点界面 Ag_5Zn_8 IMC 的生长得到抑制，但由于 Ni-Zn IMC 颗粒的形成影响了焊点的表面粗糙度，同样会影响液态焊料的流动，从而影响焊料的润湿性能。因此可以看到虽然添加了 Ni 后焊点的润湿性能略有改善，但改善有限，焊点中依然存在较多的焊接缺陷。

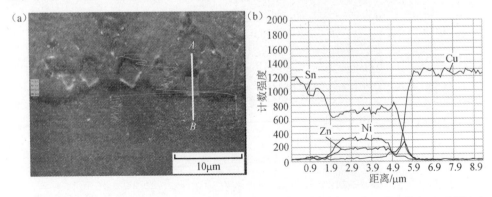

图 5.12　回流焊接后 Sn-2Ag-2.5Zn-0.1Ni/Cu 焊点的微观组织（a）和图（a）中 A 到 B 的 EDX 分析（b）

另外，从图 5.13（a）可以看到，当焊点中添加了 0.1%Cu 后，焊点的塑性有大幅下降，从而使焊点的韧性降低［图 5.13（b）］。而添加 Cr 和 Ni 后的焊点塑性没有明显下降，由于强度的提高，焊点的韧性有所提高。

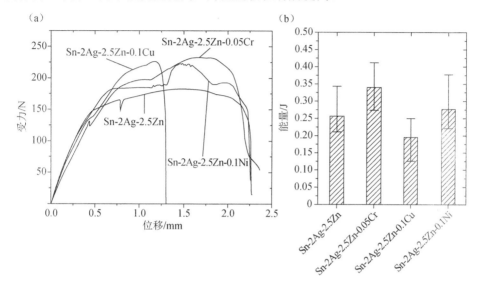

图 5.13　回流后焊点的力学性能：（a）位移-受力曲线；（b）焊点断裂消耗的能量

图 5.14 为添加 0.1%Cu 后焊点界面的微观组织。从图中可以看出，添加 0.1%Cu 后焊点界面附近出现较多颗粒状 IMC。对比图 5.2（d）可以看出，当焊料中的 Cu 含量达到 0.3%后，焊料中将出现大量 $Cu(Ag)_5Zn_8$ IMC，可见此时 Cu 的含量对于 $Cu(Ag)_5Zn_8$ 是否生成十分敏感。而在焊接过程中会有部分 Cu 元素脱离基板进入焊料，从而引起 $Cu(Ag)_5Zn_8$ 大量出现，造成焊点韧性下降。

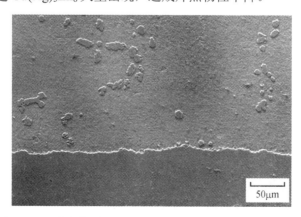

图 5.14　回流焊接后 Sn-2Ag-2.5Zn-0.1Cu/Cu 焊点的微观组织

如图 5.15 所示，与 Sn-2Ag-2.5Zn 焊料相同，在 150℃下 200h 老化后，焊点界面容易生成 Ag$_3$Sn 相，使焊点从界面处断裂，造成强度下降。因此，即使添加了第四组元，在 150℃老化后焊点的强度也与 Sn-2Ag-2.5Zn 焊料相似。由于添加第四组元对焊点性能影响不大，这里不做进一步论述。

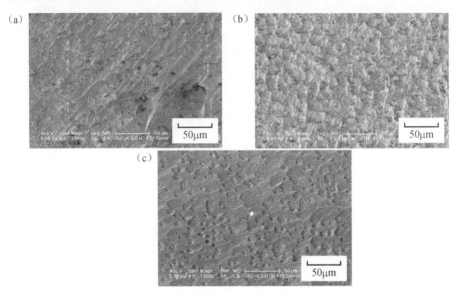

图 5.15 150℃下 200h 老化后 Sn-2Ag-2.5Zn-*X*/Cu 焊点的断面形貌：（a）Sn-2Ag-2.5Zn-0.05Cr；（b）Sn-2Ag-2.5Zn-0.1Cu；（d）Sn-2Ag-2.5Zn-0.1Ni

250℃下 4h 回流焊接后，Sn-2Ag-2.5Zn-0.1Cu/Cu 和 Sn-2Ag-2.5Zn-0.1Ni/Cu 焊点都有良好的焊点强度。从图 5.16（b）和（c）可以看到，与 Sn-2Ag-2.5Zn/Cu 焊点相同，焊点也是由焊料内部发生断裂。但 Sn-2Ag-2.5Zn-0.05Cr/Cu 焊点的强度发生明显下降，甚至低于 Sn-2Ag-2.5Zn/Cu 焊点。从图 5.16（a）中可以看到，虽然 Sn-2Ag-2.5Zn-0.05Cr/Cu 焊点也是由焊料内部发生断裂，但是断口中可以看到许多垂直于切割方向的解理断面。Cr 在 250℃下于 Sn 基体中几乎没有固溶度，在长时间回流过程中，Cr 在 Sn-2Ag-2.5Zn-0.05Cr 焊料中是过饱和固溶的[111]。由于 Cr 的熔点很高，因此会在长时间回流过程中析出。由图 5.6（d）可以看出，过饱和析出的 Cr 在显微组织中呈条状，而在真实三位空间中以片状存在，同时 Cr 与 Sn 的润湿性能很差[112]，Cr 析出后不能成为强化相，反而容易成为脆弱相。因此 Cr 的析出容易造成焊料机械强度的下降。

图 5.16　250℃下 4h 回流焊接后 Sn-2Ag-2.5Zn-X/Cu 焊点的断面形貌：
（a）Sn-2Ag-2.5Zn-0.05Cr/Cu；（b）Sn-2Ag-2.5Zn-0.1Cu/Cu；（d）Sn-2Ag-2.5Zn-0.1Ni/Cu

　　从图 5.17（a）中同样可以看到，添加 Cr 的焊料在长时间回流后不仅强度下降，同时塑性也有所降低。由此看来，添加 Cr 的焊料不适用于波峰焊和浸焊。而添加 Cu 和 Ni 后的焊点不仅强度略有上升，塑性也有所提高，因此焊点的韧性较好。

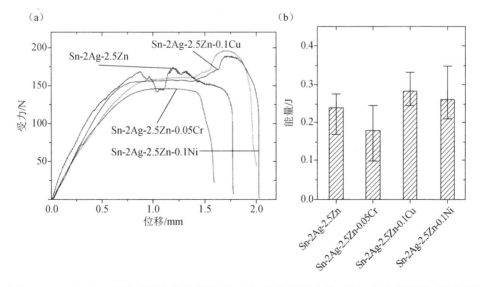

图 5.17　250℃下 4h 回流后焊点的力学性能：（a）位移-受力曲线；（b）焊点断裂消耗的能量

5.4 本 章 小 结

本章讨论了第四组元对 Sn-Ag-Zn 焊料性能的影响，得出的结论如下。

1）在 Sn-2Ag-2.5Zn 焊料中添加 Cr、Cu、Ni 后焊点的润湿性能都有所提升，对润湿性能改善的大小排序为 Cr>Cu>Ni。

2）Sn-2Ag-2.5Zn 焊料中加入 0.1%Cu 后焊料的强度略微提高但塑性大幅下降，而加入 Cu 达到 0.3%时强度和塑性都有所下降，其原因是焊料中开始出现 $(Ag,Cu)_5Zn_8$ IMC 相。加入 0.1%Ni 后焊料出现硬化效果，原因是焊料中出现 β-Sn+γ-AgZn 共晶现象使凝固后期没有出现塑性良好的 β-Sn 界面。而加入 Ni 达到 0.3%后，随着 Ni-Zn IMC 的析出，共晶族间再次出现 β-Sn 相，焊料强度下降。而加入 0.05%Cr 后，焊料出现软化。而加入 Cr 达到 0.1%后焊料中出现条状富 Cr 相，焊料的强度上升但塑性下降。为了避免偏析，3 种元素添加量为 0.1%Cu、0.1 %Ni、0.05%Cr。

3）由于润湿性能得以改善，焊接缺陷减少，Sn-2Ag-2.5Zn-X/Cu 焊点的强度都得到提高。其中 Sn-2Ag-2.5Zn-0.1Cu/Cu 焊点塑性下降，因此焊点韧性较差；而 Sn-2Ag-2.5Zn-0.05Cr/Cu 和 Sn-2Ag-2.5Zn-0.1Ni/Cu 焊点塑性上升，因此焊点的韧性较好。而 150℃下 200h 老化后，掺杂后的焊点强度没有改善。而 250℃下 4h 回流焊接后掺 Cu 和 Ni 的焊点强度和塑性均有所改善，而掺入 Cr 的焊点强度和塑性有所下降，其原因可能是 Cr 的偏析造成焊料内部容易发生解理断裂，因此添加 Cr 的焊料不适用于波峰焊和浸焊。

Sn-Ag-Zn 系焊料在 NaCl 溶液中的抗腐蚀性能

第 1 章曾经提到，电子器件的使用条件复杂，特别是沿海潮湿环境下可能造成腐蚀，而腐蚀现象同样会影响焊点的寿命[18]。而从第 3 章焊料润湿性能和抗氧化性的分析中可以看到，Sn-Ag-Zn 系焊料的抗氧化性能和润湿性能随着 Ag 含量的下降和 Zn 含量的上升而单调下降。由此可见，Sn-Ag-Zn 系焊料的抗腐蚀性能将随着 Ag 和 Zn 含量的变化而发生改变，但这一现象所表征的是 Sn-Ag-Zn 系焊料在熔融状态下的抗腐蚀性能。而 Sn-Ag-Zn 系焊料在室温状态下的抗腐蚀性能还未见报道，因此本章将参照日本工业标准 JIS G0579—2007《不锈钢用阳极极化曲线测量方法》，通过电化学的方法，结合塔费尔曲线对 Sn-Ag-Zn 系焊料在 NaCl 溶液中的抗腐蚀性能进行研究。其中为了明确 Sn-Ag-Cu 系焊料与 Sn-Ag-Zn 系焊料之间抗腐蚀性能的差异，对 SAC105 焊料的抗腐蚀性能也做了对比研究。

6.1 SAC105 焊料的塔费尔曲线和腐蚀过程

图 6.1 为 SAC105 焊料的极化曲线。从图中可以看出，SAC105 焊料的电化学腐蚀过程分为 4 个阶段，查看相关文献可知这 4 个阶段如下。

1）$-2.2\sim-0.96V$（反应 I）为氧溶解过程，其反应式为[113]

$$O_2 + 2H_2O + 4e^- \Longrightarrow 4OH^-$$

2）$-0.96\sim-0.58V$（反应 II）为 Sn 氧化过程[114, 115]：

$$Sn + 2OH^- \Longrightarrow Sn(OH)_2 + 2e^-$$

$$Sn(OH)_2 \Longrightarrow SnO + H_2O$$

进入 II 段后腐蚀电流迅速升高至 $10^{-4.85}A$，之后由于钝化效果腐蚀电流下降至 $10^{-4.93}A$。

3）当电压增加至 III 段时，表面氧化膜破裂，腐蚀电流急剧上升，该段反应为[116]

$$3Sn + 4OH^- + 2Cl^- - 6e^- \Longrightarrow Sn_3O(OH)_2Cl_2 + H_2O$$

4）而电压增加到 IV 段后，反应生成物使样品出现钝化效果，随着电流增加，钝化层脱落，腐蚀电流回到原来的水平。

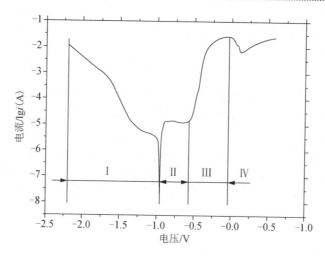

图 6.1　SAC105 焊料的极化曲线

6.2　Sn-1Ag-1Zn 焊料的塔费尔曲线和腐蚀过程

从表 6.1 中可以看出，与 SAC105 焊料相比 Sn-1Ag-1Zn 焊料的腐蚀电位有所下降，这说明 Sn-1Ag-1Zn 焊料比 SAC105 焊料更容易受到腐蚀。图 6.2 为 Sn-1Ag-1Zn 焊料的极化曲线。Sn-1Ag-1Zn 焊料的腐蚀过程可以分为 5 段。区间 I 与 SAC105 相同，为氧溶解的过程。区间 II 开始于−1.25V。由第 2 章得知，Sn-1Ag-1Zn 焊料的微观组织主要由β-Sn 和ζ-AgZn 组成。表 6.2 为 Sn、Ag 和 Zn 的氧化电位。从表中可以看出，Zn 的氧化电位要低于 Sn 的氧化电位，由此判断此时ζ-AgZn 中的 Zn 发生了氧化，使ζ-AgZn 分解；而此时电位距 Ag 的氧化电位较远，因此判断 Ag 将还原成单质，不发生腐蚀。该腐蚀电位与 Sn-Zn 体系焊料腐蚀电位相近[27]，结合 Zn 的氧化反应[117-119]判断该处发生的腐蚀反应为

$$2HO^- + AgZn \Longrightarrow ZnO + Ag + H_2O + 2e^-$$

$$2AgZn + 2NaCl + 3H_2O \Longrightarrow ZnOZnCl_2 + 2Ag + 2NaOH + 4H^+ + 4e^-$$

与 Sn-Zn 焊料体系不同，Sn-1Ag-1Zn 体系焊料中ζ-AgZn 较少，因此当表面ζ-AgZn 耗尽后材料将出现明显的钝化。当电位达到 III 段时，与 SAC105 焊料相同，该处达到了 Sn 的腐蚀电位，因此该处出现了明显的腐蚀电流上升。同时对比 Sn-Ag-Cu 焊料，该处的钝化也更为明显。其后的腐蚀过程 IV 和 V 与 SAC105 焊料的腐蚀过程 III 和 IV 相同。虽然 Sn-1Ag-1Zn 焊料的腐蚀电位与 Sn-Zn 焊料体系相似，但是后面的钝化过程基本与 Sn-Ag-Cu 焊料相同，钝化性能优于 Sn-Zn 体系焊料[27]。由此可以得到结论：Sn-1Ag-1Zn 焊料的腐蚀过程中早期阶段与 Sn-Zn 体系焊料相

似，为 Zn 的腐蚀过程；由于 Zn 含量很少，Zn 很快耗尽，其后腐蚀过程为 Sn 的腐蚀过程，与 Sn-Ag-Cu 焊料相似。总体来说，Sn-Ag-Zn 焊料的抗腐蚀性能比 Sn-Ag-Cu 焊料差，但优于 Sn-Zn 焊料[27]。

表 6.1　焊料的腐蚀性能参数

样品	E_{corr}/V	E_{pass}/V	lgi_{cc}(A)	lgi_{pp}(A)
SAC105	−0.96	−0.047	−1.59	−2.19
Sn-1Ag-1Zn	−1.25	0.016	−1.54	−2.07
Sn-2Ag-1Zn	−1.22	−0.061	−1.56	−2.21
Sn-3Ag-1Zn	−1.22	−0.017	−1.52	−2.07
Sn-2Ag-2Zn	−1.25	−0.23	−1.45	−2.25
Sn-2Ag-2.5Zn	−1.29	−0.05	−1.56	−2.07
Sn-2Ag-3Zn	−1.21	−0.07	−1.57	−2.18
Sn-2Ag-2.5Zn-0.05Cr	−1.29	−0.073	−1.59	−2.15
Sn-2Ag-2.5Zn-0.1Cu	−1.25	−0.107	−1.59	−2.16
Sn-2Ag-2.5Zn-0.1Ni	−1.25	−0.12	−1.58	−1.99

注：E_{corr} 为腐蚀电位，E_{pass} 为钝化电位，i_{cc} 为临界腐蚀电流，i_{pp} 为伪钝化电流。

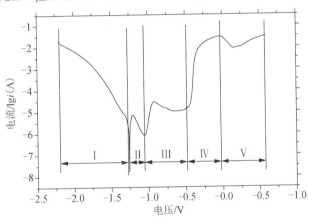

图 6.2　Sn-1Ag-1Zn 焊料的极化曲线

表 6.2　Sn、Ag 和 Zn 的氧化电位

元素	化学反应	电压（V_{SHE}）
Ag	Ag === Ag$^+$+e$^-$	0.799
Sn	Sn === Sn^{2+}+2e$^-$	−0.136
Zn	Zn === Zn^{2+}+2e$^-$	−0.763

6.3 Ag 含量对 Sn-*x*Ag-1Zn 焊料腐蚀性能的影响

从表 6.1 中可以看出，相比 Sn-Ag-Zn 系焊料与 SAC105 焊料抗腐蚀性能的差别，Sn-Ag-Zn 系焊料之间抗腐蚀性能的差别不大。图 6.3 为 Sn-*x*Ag-1Zn 焊料的极化曲线。从图中可以看到，Sn-*x*Ag-1Zn 焊料的腐蚀过程大致相同。Ag 含量的提高可以略微提高焊料的腐蚀电位，这说明 Ag 含量的提高可以增强焊料的抗腐蚀性能，但总体来说变化不大。而 Sn-2Ag-1Zn 焊料和 Sn-3Ag-1Zn 焊料的腐蚀电位相同。此外，Sn-2Ag-1Zn 焊料的临界腐蚀电流和伪钝化电流较小，说明焊料的钝化效果较好。由图 2.10 可以看到，Sn-3Ag-1Zn 焊料的微观组织以共晶组织为主。由于共晶组织中存在大量界面，而界面处的缺陷会降低抗腐蚀性能，因此 Sn-3Ag-1Zn 焊料的钝化效果低于 Sn-2Ag-1Zn 焊料。

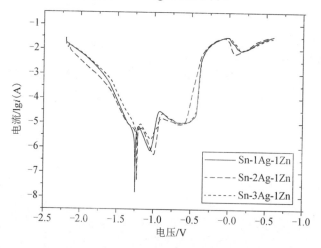

图 6.3　Sn-*x*Ag-1Zn 焊料的极化曲线

图 6.4 为 Sn-1Ag-1Zn 和 Sn-3Ag-1Zn 焊料腐蚀后的表面形貌。从图中可以看出，焊料没有出现明显的钝化，焊料表面由两种片状组织稀疏堆叠形成，分别为图 6.4（c）所示比较薄且不规则的片状组织和图 6.4（d）所示呈六边形且比较厚的片层状组织。通过 EDX 分析（表 6.3）可以看出，比较薄的片状组织由 Sn、O 和 Cl 元素组成，而比较厚的片层状组织中含有一定的 Ag 和 Zn，由此判断比较薄的片状组织由β-Sn 腐蚀形成，而比较厚的片状组织由共晶组织腐蚀形成。从图 2.10 中可以看到 Sn-3Ag-1Zn 焊料共晶组织比 Sn-1Ag-1Zn 焊料要多，同时对比图 6.4 (a)和(b)也可以看到，Sn-3Ag-1Zn 腐蚀后表面比较厚的片状组织要比 Sn-1Ag-1Zn

要多，由此也能推断厚的片状组织由共晶组织腐蚀生成。

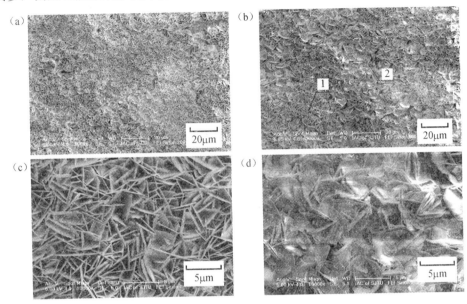

图 6.4　Sn-xAg-1Zn 焊料腐蚀后的表面形貌：（a）Sn-1Ag-1Zn；（b）Sn-3Ag-1Zn；
（c）比较薄的片层状组织；（d）比较厚的片层状组织

表 6.3　腐蚀后 Sn-Ag-Zn 焊料的 EDX 分析结果

编号	原子分数/%					物相鉴定
	Sn	Ag	Zn	O	Cl	
1	19.55	0	0	64.04	16.40	Sn₃O(OH)₂Cl₂
2	19.32	1.70	0.69	63.34	14.95	Sn₃O(OH)₂Cl₂ + ZnOZnCl₂ + Ag

6.4　Zn 含量对 Sn-2Ag-xZn 焊料腐蚀性能的影响

图 6.5 为 Sn-2Ag-xZn 焊料的极化曲线。从图中可以看出，随着 Zn 含量的增加腐蚀电位逐步下降，说明 Zn 的增加使抗腐蚀性能降低。但是当 Zn 含量增加至 3%时腐蚀电位突然提高，甚至超过 Sn-2Ag-1Zn 焊料。2.3.2 小节中提到当 Zn 含量增加至 3%时焊料中的共晶组织将由ζ-AgZn+β-Sn 转变为ε-AgZn+β-Sn，而 6.2 节中提到最先开始发生腐蚀的是共晶组织中的 AgZn IMC，由此判断ε-AgZn 的抗腐蚀性能要优于ζ-AgZn。与 Sn-xAg-1Zn 焊料不同，在 Sn-2Ag-xZn 焊料中，当 Zn 含量达到 2%以上时，在腐蚀电位-1V 左右出现一个小的电流峰。从图 2.12 所示

的微观组织来看，当 Zn 含量超过 2%后焊料中会出现先共晶γ-AgZn 相，依此判断此处出现的电流峰为γ-AgZn 腐蚀电流峰。从 AgZn IMC 的腐蚀电位高低来推断，AgZn IMC 的抗腐蚀性能排序为γ-AgZn > ε-AgZn > ζ-AgZn。从表 6.1 中可以看到，Sn-2Ag-2Zn 焊料的钝化电位要明显低于其他焊料，且临界腐蚀电流要更高，这说明 Sn-2Ag-2Zn 焊料的抗腐蚀性能较差。从微观组织来看 Sn-2Ag-2Zn 焊料的共晶组织最细小，存在更多的界面，而界面能的释放可以有效减少表面钝化层形成所需的能量，使钝化电位降低，因此使焊料的抗腐蚀性能降低、腐蚀速率提高。

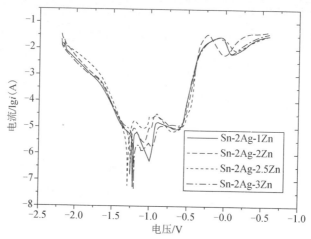

图 6.5　Sn-2Ag-xZn 焊料的极化曲线

图 6.6 为 Sn-2Ag-2Zn 焊料和 Sn-2Ag-3Zn 焊料腐蚀后的表面形貌。由于 Sn-2Ag-2Zn 焊料的共晶组织比较细小，腐蚀后的片状组织也更为细小。从图 6.6（b）中可以看到，Sn-2Ag-2Zn 中的γ-AgZn 颗粒还比较完整。而从图 6.6（d）中的可以看到，由于 Sn-2Ag-3Zn 焊料中的γ-AgZn 颗粒开始向ε-AgZn 颗粒转变，IMC 颗粒受到的腐蚀更为严重。

图 6.6　Sn-2Ag-xZn 焊料腐蚀后表面形貌：（a）、（b）Sn-2Ag-2Zn；（c）、（d）Sn-2Ag-3Zn

图 6.6（续）

6.5 第四组元添加对 Sn-2Ag-2.5Zn 焊料腐蚀性能的影响

在 5.1 节中提到添加第四组元后 Sn-2Ag-2.5Zn 焊料的润湿性能有所改善，下面对四元合金的抗腐蚀性能进行研究。图 6.7 为 Sn-2Ag-2.5Zn-X（X=0.05%Cr，0.1%Cu，0.1%Ni）焊料的极化曲线。从中可以看到，Sn-2Ag-2.5Zn 焊料和添加 0.05%Cr 后的焊料腐蚀电位基本一致，说明添加 Cr 后没有明显提高焊料的腐蚀性能，这可能是由于 Cr 的添加量太少。而添加 0.1%Cu 和 0.1%Ni 后焊料的腐蚀电位有所提高，说明焊料的抗腐蚀性能开始提升。另外，添加第四组元后的焊料临界腐蚀电流相近，说明这些焊料最大腐蚀速率相近。而 Sn-2Ag-2.5Zn-0.1Ni 焊料的伪钝化电流较高，说明这一焊料的钝化效果较差。

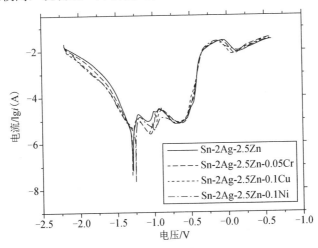

图 6.7 Sn-2Ag-2.5Zn-X 焊料的极化曲线

6.6　本 章 小 结

本章讨论了 Sn-Ag-Zn 焊料在 NaCl 溶液中的抗腐蚀性能，得出的结论如下。

1）Sn-xAg-1Zn 焊料中，Ag 含量由 1%提升至 2%时腐蚀电位略有提升，而 2%Ag 含量和 3%Ag 含量的焊料的腐蚀电位相近；而 Sn-2Ag-1Zn 焊料临界腐蚀电流和伪钝化电流较小，说明 Sn-2Ag-1Zn 有较好的抗腐蚀性能。

2）随着 Zn 含量由 1%增加到 2.5%，Sn-2Ag-xZn 焊料的腐蚀电位逐步下降。当 Zn 含量提升到 3%时腐蚀电位突然提高，该现象可能是由于共晶组织中的 AgZn 相由 ζ-AgZn 转变为 ε-AgZn 引起的。同时 2%Zn 以上的焊料腐蚀过程中出现 γ-AgZn 腐蚀引起的电流峰。从腐蚀电位判断 AgZn IMC 的抗腐蚀性能排序为 γ-AgZn> ε-AgZn>ζ-AgZn。而 Sn-2Ag-2Zn 焊料钝化电位较低且临界腐蚀电流较高，说明该焊料腐蚀速率较高，抗腐蚀性能较差。

3）在 Sn-2Ag-2.5Zn 焊料中添加 0.05%Cr 后焊料的腐蚀电位没有明显改变，而添加 0.1%Ni 和 0.1%Cu 后焊料的腐蚀电位有所提高，说明焊料的抗腐蚀性能也有所提高。而这几种四元焊料中 Sn-2Ag-2.5Zn-0.1Ni 焊料的伪钝化电流较高，说明该焊料的钝化效果较差。

参 考 文 献

[1] Manko H. Solder and Soldering[M]. 2nd ed. New York: McGraw-Hill, 1979: 23-24.

[2] Armin R.The Basics of Soldering[M]. New York: John Wiley and Sons, 1993: 15-16.

[3] Brady G S. Materials Handbook[M]. New York: McGraw-Hill, 1971.

[4] 菅沼克昭. 无铅焊接技术[M]. 宁晓山，译. 北京：科学出版社，2004：1-2.

[5] Wood E P , Nimmo K L. In search of new lead-free electronic solders[J]. Journal of Electronic Materials, 1994, 23 (8): 709-713 .

[6] Monsalve E R. Lead ingestion hazard in hand soldering environments[C]. Proceedings of the 8th Annual Soldering Technology and Product Assurance Seminar, Naval Weapons Center, China Lake, CA, 1984: 23.

[7] Napp D. Lead-free interconnect materials for the electronics industry[C]. Proceedings of the 27th International SAMPE Technical Conference, Albuquerque, NM, 1995: 342.

[8] Official Journal of the European Union. Directive 2002/96/EC of the European Parliament and the Council on Waste Electrical and Electronic Equipment (WEEE)[S]. 2003.

[9] Official Journal of the European Union. Directive 2002/95/EC of the European Parliament and the Council on the Restriction of the Use of Certain Hazardous Substances in Electrical and Electronic Equipment (RHS)[S]. 2003.

[10] 中华人民共和国信息产业部. 电子信息产品中有毒有害物质的限量要求（SJ/T 11363—2006）[S]. 北京：电子工业出版社，2006.

[11] Kang S K, Sarkhel A K. Lead-free solders for electronic packaging[J]. Journal of Electronic Materials, 1994, 23(8): 171-180.

[12] Pecht M G. Soldering Processes and Equipment[M]. New York: John Wiley and Sons, 1993: 114-115.

[13] 石德珂. 材料科学基础[M]. 北京：机械工业出版社，1999：270-271.

[14] Kaufman L. Solids Under Pressure[M]. New York: McGraw-Hill, 1963: 267.

[15] Pan T Y, Nicholson J M, Blair H D, et al. Dynamic wetting characteristics of some lead-free solders[C]. Proceedings of the 7th International SAMPE Conference, Parsippany, New Jersey, 1994: 343-354.

[16] Vianco M P. Prototyping lead-free solders on hand-soldered, through-hole circuit boards[C]. Proceedings of the 7th International SAMPE Conference, Parsippany, New Jersey, 1994: 366.

[17] Kim K S, Matsuura T, Suganuma K. Effects of Bi and Pb on oxidation in humidity for low-temperature lead free solder systems[J]. Journal of Electronic Materials, 2006, 35(1): 41-47.

[18] Mohanty U S, Lin K L. Electrochemical corrosion behaviour of lead-free Sn-8.5Zn-xAg-0.1Al-0.5Ga solder in 3.5% NaCl solution[J]. Material Science and Engineering A, 2005, 406(1-2): 34-42.

[19] Vnuk F, Ainsley M H, SmithR W. The solid solubility of silver, gold and zinc in metallic tin[J] Journal of Materials Science, 1981, 16(5): 1171-1176.

[20] McCormack M, Jin S, Kammlott G W, et al. New Pb-free solder alloy with superior mechanical properties[J]. Applied Physics Letters, 1993, 63 (1): 15-17.

[21] Thwaites C J. Soft Soldering Handbook[M]. Hertfordshire: International Tin Research Institute, 1977: 204.

[22] Darveaux R, Banerji K. Constitutive relations for tin-based solder joints[J]. IEEE transactions on components, Hybrids and Manufacturing, 1992, 15(6): 1014-1022.

[23] Liang J. Creep study for fatigue life assessment of two Pb-free high temperature solder alloys[J]. Materials Research Society Symposium Proceedings, 1997, 445: 307-312.

[24] Song J MI,Wu Z M,Huang D A, et al. The effect of low-temperature solute elements on nonequilibrium eutectic solidification of Sn-Ag eutectic solders[J]. Journal of Electronic Materials, 2007, 36(12): 1608-1614.

[25] Suganuma K, Niibara K. Wetting and interface microstructure between Sn-Zn binary alloys and Cu[J]. Journal of Materials Research, 1998, 13(10): 2859-2865.

[26] Hua F, Glazer J. Lead-free solders for electronic assembly, design and reliability of solders and solder interconnections[J]. The Minerals, Metals and Materials Society, 1997: 65-74.

[27] Abtew M, Selvaduray G. Lead-free solders in microelectronics[J]. Material Science and Engineering R, 2000, 27(5): 95-141.

[28] Suganuma K. Heat resistance of Sn-9Zn solder/Cu interface with or without coating[J]. Journal of Materials Research, 2000, 15(4): 884-891.

[29] 陈熹. 新型 Sn-9Zn 基低熔点无铅焊料的研究[D]. 上海：上海交通大学，2009.

[30] Yost F G, Hosking F M, Frear D R. The Mechanics of Solder Alloy Wetting and Spreading[M]. New York: Van Nostrand Reinhold, 1993: 303.

[31] Nogita K, Read J, Nishimura T , et al. Microstructure control in Sn-0.7 mass% Cu alloys[J]. Materials Transactions, 2005, 46(11): 2419-2425.

[32] Bae K, Kim S. Microstructure and adhesion properties of Sn-0.7Cu/Cu solder joints[J]. Journal of Materials Research, 2002, 17 (4): 743-746.

[33] Siewert T, Liu S, Smith D R, et al. Database for Solder Properties with Emphasis on New Lead-free Solders[M]. Colorado: National Institute of Standards and Technology & Colorado School of Mines, 2002: 66-67.

[34] Gladkikh N T, Chizhik S P, Latin V I, et al. Structure of binary alloys in condensed films[J]. Russian Metallurgy, 1987, 1: 173-181.

[35] Morris Jr J W, Freer Goldstein J L, Mei Z. Microstructure and mechanical properties of Sn-In and Sn-Bi solders[J]. Journal of the Minerals, Metals, and Materials Society, 1993, 45(7): 25-27.

[36] Wild R W. Properties of Some Low Melting Fusible Alloys[M]. New York: IBM Federal Systems Division Laboratory, 1971: 19-21.

[37] Suganuma K. Influence of various factors on lift-off phenomenon in wave soldering with Sn-Bi alloy[J]. Japan Institute of Electronics Packaging Academic, 1999, 2: 116-120.

[38] Glazer J. Metallurgy of low temperature Pb-free solders for electronic assembly[J]. International Materials Reviews, 1995, 40 (2): 67.

[39] Mei Z, Morris J W. Superplastic creep of low melting point solder joints[J]. Journal of Electronic Materials, 1992,

21(4): 401-407.

[40] Freer J L, Morris J W. Microstructure and creep of eutectic indium/tin on copper and nickel substrates[J]. Journal of Electronic Materials, 1992, 21(6): 647-652.

[41] Seyyedi J. Thermal fatigue behavior of low melting point solder joints[J]. Soldering and Surface Mount Technology, 1993, 13: 26-32.

[42] Yoon J W, Noh B I, Kim B K, et al. Wettability and interfacial reactions of Sn-Ag-Cu/Cu and Sn-Ag-Ni/Cu solder joints[J]. Journal of Alloys and Compounds, 2009, 486(1-2): 142-147.

[43] Moon K W. Experimental and thermodynamic assessment of Sn-Ag-Cu solder alloys[J]. Journal of Electronic Materials, 2000, 29(10): 1122-1136.

[44] Rosalbino F, Angelini E, Zanicchi G, et al. Corrosion behaviour assessment of lead-free Sn-Ag-M (M = In, Bi, Cu) solder alloys[J]. Materials Chemistry and Physics, 2008, 109(2): 386-391.

[45] Che F X, Luan J E, Baraton X. Effect of silver content and nickel dopant on mechanical properties of Sn-Ag-based solders[J]. Electronic Components and Technology Conference, 2008: 485-490.

[46] Kim K S, Huh S H, Suganuma K. Effects of intermetallic compounds on properties of Sn-Ag-Cu lead-free[J]. Journal of Alloys and Compounds, 2003, 352: 226-236.

[47] Lu H Y, Balkan H, Ng K Y S. Effect of Ag content on the microstructure development of Sn-Ag-Cu interconnects[J]. Journal of Materials Science: Materials in Electronics, 2006, 17(3): 171-188.

[48] Kattner U R, Boettinger W J. On the Sn-Bi-Ag ternary phase diagram[J]. Journal of Electronic Materials, 1994, 23(7): 603-610.

[49] Vianco P T, Rejent J A. Properties of ternary Sn-Ag-Bi solder alloys: Part II——Wettability and mechanical properties analyses [J]. Journal of Electronic Materials, 1999, 28(10): 1138-1143.

[50] Artaki I, Jackson A M, Vianco P T. Evaluation of lead-free solder joints in electronic assemblies[J]. Journal of Electronic Materials, 1994, 23(8): 757-763.

[51] Suganuma K. Advances in lead-free electronics soldering[J]. Current Opinion in Solid State and Materials Science, 2001, 5(1): 55-64.

[52] Kattner U R, Handwerker C A. Calculation of phase equilibria in candidate solder alloys [J]. Zeitschrift für Metallkunde, 2001, 92: 1-12.

[53] Ohnuma I, Miyashita M, Liu X J, et al. Phase equilibria and thermodynamic properties of Sn-Ag based Pb-free solder alloys[J]. IEEE Transactions on Electronics Packaging Manufacturing, 2003, 26: 84-89.

[54] Korhonen T M, kivilahti J K. Thermodynamics of the Sn-In-Ag solder system[J]. Journal of Electronic Materials, 1998, 27(3): 149-158.

[55] Kariya Y, Otsuka M. Mechanical fatigue characteristics of Sn-3.5Ag-X (X=Bi, Cu, Zn and In) solder alloys[J]. Journal of Electronic Materials, 1998, 27(11): 1229-1235.

[56] Ohtani H, Miyashita M, Ishida K. Thermodynamic study of phase equilibria in the Sn-Ag-Zn system[J]. Journal of the Physical Society of Japan, 1999, 63(6): 685-694.

[57] Jee Y K, Ko Y H, Yu J. Effect of Zn on the intermetallics formation and reliability of Sn-3.5Ag solder on a Cu pad[J]. Journal of Materials Research, 2007, 22(7): 1879-1887.

[58] Liu Y C, Wan J B, Gao Z M. Intermediate decomposition of metastable Cu_5Zn_8 phase in the soldered Sn-Ag-Zn/Cu interface[J]. Journal of Alloys and Compounds, 2008, 465(1-2): 205-209.

[59] Shen J, Lai S Q, Liu Y C, et al. The effects of third alloying elements on the bulk Ag_3Sn formation in slowly cooled $Sn_{3.5}Ag$ lead-free solder[J]. Journal of Materials Science: Materials in Electronics, 2008, 19(3): 275-280.

[60] Wang F J,Gao F, Ma X, et al. Depressing effect of 0.2wt.%Zn addition into Sn-3.0Ag-0.5Cu solder alloy on the intermetallic growth with Cu substrate during isothermal aging[J]. Journal of Electronic Materials, 2006, 35(10): 1818-1824.

[61] Wei Y Y, Duh J G, Effect of thermal ageing on (Sn-Ag, Sn-Ag-Zn)/PtAg, Cu/Al_2O_3 solder joints[J]. Journal of Materials Science: Materials in Electronics, 1998, 9(5): 373-381.

[62] Lin K L, Shih C L. Wetting interaction between Sn-Zn-Ag solders and Cu[J]. Journal of Electronic Materials, 2003, 32(2): 95-100.

[63] Chang T C, Hsu Y T, Hon M H, et al. Enhancement of the wettability and solder joint reliability at the Sn-9Zn-0.5Ag lead-free solder alloy-Cu substrate by Ag precoating[J]. Journal of Alloys and Compounds, 2003, 360(1-2): 217-224.

[64] Takemoto T, Funaki T, Matsunawa A. Electrochemical investigation on the effect of silver addition on wettability of Sn-Zn system lead-free solder[J]. Welding Research Abroad, 2000, 46: 20-23.

[65] Lin K L, Shih C L. Microstructure and thermal behavior of Sn-Zn-Ag solders[J]. Journal of Electronic Materials, 2003, 32(12): 1496-1500.

[66] Wei C, Liu Y C, Han Y J. ,et al. Microstructures of eutectic Sn-Ag-Zn solder solidified with different cooling rates[J]. Journal of Alloys and Compounds, 2008, 464(1): 301-305.

[67] Huang B, Hwang H S, Lee N C. A compliant and creep resistant SAC-Al(Ni) alloy[C]. The 57th Electronic Components and Technology Conference, Reno, 2007: 184-191.

[68] Zribi A, Clark A Z, Borgesen L,et al. The growth of intermetallic compounds at Sn-Ag-Cu solder/Cu and Sn-Ag-Cu solder/Ni interfaces and the associated evolution of the solder microstructure[J]. Journal of Electronic Materials, 2001, 30(9): 1157-1164.

[69] Lin K L, Liu T P. High temperature oxidation of a Sn-Zn-Al solder[J]. Oxidation of Metals, 1998, 50(3): 255.

[70] Lin K L,Hsu H M. Sn-Zn-Al Pb-free solder——an inherent barrier solder for Cu contact[J]. Journal of Electronic Materials, 2001, 30(9): 1068-1072.

[71] Song J M, Huang C F, Chuang H Y. Microstructural characteristics and vibration fracture properties of Sn-Ag-Cu-TM (TM=Co, Ni and Zn) [J]. Journal of Electronic Materials, 2006, 35(12): 2154-2163.

[72] Yao P, Liu P, Liu J. Interfacial reaction and shear strength of SnAgCu-xNi/Ni solder joints during aging at 150℃[J]. Microelectronic Engineering, 2009, 86(10): 1969-1974.

[73] Gao L L, Xue S B, Zhang L, et al. Effect of alloying elements on properties and microstructures of SnAgCu solders[J]. Microelectronic Engineering, 2010, 87(11): 2025-2034.

[74] Yoona Jeong-Won, Noha Bo-In, Kimb Bong-Kyun, et al. Wettability and interfacial reactions of Sn-Ag-Cu/Cu and Sn-Ag-Ni/Cu solder joints[J]. Journal of Alloys and Compounds, 2009, 486(1-2): 142-147.

[75] Huang M L, Kang N, Zhou Q. et al. Effect of a trace of Bi and Ni on the microstructure and wetting properties of Sn-Zn-Cu lead-Free solder[J]. Journal of Materials Science & Technology, 2007, 23(1): 81-84.

[76] Huang M L, Kang N, Zhou Q. et al. Effect of Ni content on mechanical properties and corrosion behavior of Al/Sn-9Zn-xNi/Cu joints[J]. Journal of Materials Science & Technology, 2012, 28(9): 844-852.

[77] Chen X, Hu A, Li M, et al. Effect of small additions of alloying elements on the properties of Sn-Zn eutetic alloy[J]. Journal of Electronic Materials, 2006, 35(9): 1734-1739.

[78] Chen X, Hu A, Li M, et al. Study on the properties of Sn-9Zn-xCr lead-free solder[J]. Journal of Alloys and Compounds, 2008, 460(1-2): 478-484.

[79] Chen X, Hu A, Li M, et al. Effect of a trace of Cr on intermetallic compound layer for tin-zinc lead-free solder joint during aging[J]. Journal of Alloys and Compounds, 2009, 470(1-2): 429-433.

[80] 张富文, 刘静, 杨福宝, 等. 新型 Sn-Ag-Cu-Cr 无铅焊料合金的研究[J]. 电子元件与材料, 2005, 24(11): 45-48.

[81] Yu D Q, Zhao J, Wang L. Improvement on the microstructure stability, mechanical and wetting properties of Sn-Ag-Cu lead-free solder with the addition of rare earth elements[J]. Journal of Alloys and Compounds, 2004, 376(1-2): 170-175.

[82] Liu L. Research on effects of minute amount of rare-earth element Ce on properties of Sn-Ag-Cu alloy and reliability of soldered joints[D]. Nanjing: Nanjing University of Aeronautics and Astronautics, 2006.

[83] Chuang T H. Rapid whisker growth on the surface of Sn-3Ag-0.5Cu-1.0Ce solder joints[J]. Scripta Materialia, 2006, 55(11): 983-986.

[84] Zhu W H, Xu L H. Drop reliability study of PBGA assemblies with SAC305, SAC105 and SAC105-Ni solder ball on Cu-OSP and ENIG surface finish[C]. The Electronic Components and Technology Conference, 2008: 1667-1672.

[85] Syed A, Kim T S. Effect of Pb free alloy composition on drop/impact reliability of 0.4, 0.5 & 0.8mm pitch chip scale packages with NiAu pad finish[C]. The Electronic Components and Technology Conference, 2007: 1879-1887.

[86] Terashima S, Tanaka M, Tatsumi K. Thermal fatigue properties and grain boundary character distribution in Sn-xAg-0.5Cu (x=1, 1.2 and 3) lead free solder interconnects[J]. Science and Technology of Welding and Joining, 2008, 13(1): 61-65.

[87] Terashima S, Kariya Y, Hosoi T, et al. Effect of silver content on thermal fatigue life of Sn-xAg-0.5Cu flip-chip interconnects[J]. Journal of Electronic Materials, 2003, 12(32): 1527-1533.

[88] Hammad A E. Evolution of microstructure, thermal and creep properties of Ni-doped Sn-0.5Ag-0.7Cu low-Ag solder alloys for electronic applications[J]. Materials and Design, 2013,52 (24): 663-670.

[89] El-Daly A A, El-Taher A M. Evolution of thermal property and creep resistance of Ni and Zn-doped Sn-2.0Ag-0.5Cu lead-free solders[J]. Materials and Design, 2013, 51 (5): 789-796.

[90] Hammad A E. Investigation of microstructure and mechanical properties of novel Sn-0.5Ag-0.7Cu solders containing

small amount of Ni[J]. Materials and Design, 2013,50(17): 108-116.

[91] El-Daly A A, Hammad A E, Al-Ganainy G S , et al. Influence of Zn addition on the microstructure, melt properties and creep behavior of low Ag-content Sn-Ag-Cu lead-free solders[J]. Materials Science& Engineering, 2014,608(608): 130-138.

[92] Hamada N, Uesugi T, Takigawa Y, et al. Effects of Zn addition and aging treatment on tensile properties of Sn-Ag-Cu alloys[J]. Journal of Alloys and Compounds, 2012,527(9): 226-232.

[93] El-Daly A A, Hammada A E, Al-Ganainy G S, et al. Properties enhancement of low Ag-content Sn-Ag-Cu lead-free solders containing small amount of Zn[J]. Journal of Alloys and Compounds, 2014,614(614):20-28.

[94] El-Daly A A, El-Taher A M, Gouda S. Novel Bi-containing Sn-1.5Ag-0.7Cu lead-free solder alloy with further enhanced thermal property and strength for mobile products[J]. Materials and Design,2015,65:796-805.

[95] Sabri M F M, Shnawah D A, Badruddin I A, et al. Effects of aging on Sn-1Ag-0.5Cu solder alloys containing 0.1 wt.% and 0.5 wt. % Al[J]. Journal of Alloys and Compounds, 2014,582(2):437-446.

[96] Sabri M F M, Said S B M, Shnawah D A. Wetting characteristics of Al-containing Sn-1Ag-0.5Cu solder alloy on Cu substrate using wetting balance and spread area methods[J]. Procedia Technology, 2015,20: 9-14.

[97] Gulliver G H. The quantitative effect of rapid cooling upon the constitution of binary alloys[J]. Journal of the Institute of Metals, 1913,9(1): 120-157.

[98] Scheil E. Remarks on the crystal layer formation[J]. Zeitschrift für Metallkunde, 1942, 34: 70-72.

[99] Ohnuma I, Ishida K, Moser Z, et al. Pb-free solders: Part II——Application of ADAMIS database in modeling of Sn-Ag-Cu alloys with Bi additions[J]. Journal of Phase Equilibria and Diffusion, 2006, 27(3): 245-254.

[100] Andrews K W, Davies H E, Hume-Rothery W,et al. The equilibrium diagram of the system silver-zinc[J]. Proceedings of the Royal Society of London A: Mathematical, Physical and Engineering Science, 1941, 177(969): 149-167.

[101] Libbrecht K G. Ken George Libbrecht's Field Guide to Snowflakes[M]. Minneapolis: Voyageur Press, 2006: 11.

[102] Austin Chang Y, Goldberg Daniel, Neumann Joachim P. Phase diagrams and thermodynamic properties of ternary copper-silver Systems[J]. Journal of Physical and Chemical Reference Data, 1977, 6(3): 621-673.

[103] 束德林. 金属力学性能[M]. 北京：机械工业出版社，2001：70，142.

[104] Hu J, Hu A, Li M ,et al. Depressing effect of 0.1 wt.% Cr addition into Sn-9Zn solder alloy on the intermetallic growth with Cu substrate during isothermal aging[J]. Materials Characterization, 2010, 61(3): 355-361.

[105] Bi J L, Hu A, Hu J ,et al. Effect of Cr additions on interfacial reaction between the Sn-Zn-Bi solder and Cu/electroplated Ni substrates[J]. Microelectronics Reliability, 2011,51(3): 636-641.

[106] Hwang C W, Lee J G, Suganuma K, et al. Interfacial microstructure between Sn-3Ag-xBi and Cu substrate with or without electrolytic Ni plating[J]. Journal of Electronic Materials, 2003, 32(2): 52-62.

[107] Lee C Y, Yoon J W, Kim Y J. Interfacial reactions and joint reliability of Sn-9Zn solder on Cu or electrolytic Au/Ni/Cu BGA substrate[J]. Microelectronic Engineering, 2005, 82(3): 561-568.

[108] Nash P, Pan Y Y. The Ni-Zn (nickel-zinc) system[J]. Journal of Phase Equilibria, 1987, 8(5): 422-430.

[109] Darby J B, Jugle D B. Solubility of several first-long-period transition elements in liquid tin[J]. Transactions of the Metallurgical Society of AIME, 1969, 245(12): 2515-2518.

[110] Brown P J. The structure of the δ -phase in the transition metal-zinc alloy systems[J]. Acta Crystallographica, 1962, 15(6): 608-612.

[111] Okpalugo D E, Booth J G, Costa M M R, et al. Magnetic phase diagrams for the dilute Cr-Sn and Cr-Sb systems[J]. Journal of Applied Physics, 1985, 57(8): 3039-3041.

[112] Tu K N, Zeng K. Tin-lead (SnPb) solder reaction in flip chip technology[J]. Material Science and Engineering R, 2001, 34(1): 1-59.

[113] 日本不锈钢协会（JSSA）及财团法人日本规格协会（JSA）. 不锈钢用阳极极化曲线测量方法（JIS G0579－2007）[S]. 2007.

[114] Mohanty U S, Lin K L. Potentiodynamic polarization measurement of Sn-8.5Zn-xAl-0.5Ga alloy in 3.5% NaCl solution[J]. Journal of the Electrochemical Society, 2006, 153(8): 319-324.

[115] Mohanty U S, Lin K L. The effect of alloying element gallium on the polarization characteristics of Pb-free Sn-Zn-Ag-Al-xGa solders in NaCl solution[J]. Corrosion Science, 2006, 48(3): 662.

[116] Yu D Q, L C M, Wang W L. The electrochemical corrosion behavior of Sn-9Zn and Sn-8Zn-3Bi lead-free solder alloys in NaCl solution[C].The 16th International Corrosion Conference, Beijing, China, 2005: 19.

[117] Mohanty U S, Lin K L. Electrochemical corrosion behaviour of Pb-free Sn-8.5Zn-0.05Al-xGa and Sn-3Ag-0.5Cu alloys in chloride containing aqueous solution[J]. Corrosion Science, 2008, 50(9): 2437-2443.

[118] Mohanty U S, Lin K L. The polarization characteristics of Pb-free Sn-8.5Zn-xAg-0.1Al-0.05Ga alloy in 3.5% NaCl solution[J]. Corrosion Science, 2007, 49(7): 2815-2831.

[119] Abayarathna D, Hale E B, O'Keefe T J, et al. Effects of sample orientation on the corrosion of zinc in ammonium sulfate and sodium hydroxide solutions[J]. Corrosion Science, 1991, 32(7): 755-768.